彩图 1　玉米

彩图 2　高粱

彩图 3　大麦

彩图 4　米糠

油脂饼　　　　　　　油脂粕

液体油脂

彩图 5　油脂饲料

彩图 6　大豆粕

彩图 7　花生仁粕和花生仁饼

彩图 8　棉籽粕、棉仁粕和棉籽饼

彩图 9　菜籽粕和菜籽饼

彩图 10　芝麻粕

彩图 11　向日葵仁饼

彩图 12　啤酒糟

彩图 13　血粉

彩图 14　蚕蛹和蚕蛹粉

彩图 15　羽毛粉

彩图 16　贝壳粉

彩图 17　石粒和石粉

彩图 18　蛋壳粉

彩图 19　沸石

彩图 20　氨基酸添加剂

彩图 21　维生素添加剂

彩图 22　饲料保鲜防霉剂

彩图 23　饲料制粒机械

彩图 24　饲料的粉碎和搅拌机械

饲料科学配制与应用丛书

# 蛋鸡实用饲料
## 配方手册

主　编　王秋霞　王　莉　谢军亮
副主编　计娅丽　张艳利　段张秀
编　者　王秋霞（河南科技学院）
　　　　王　莉（河南科技学院）
　　　　王　岩（河南省长垣市农业农村局）
　　　　计娅丽（河南省新乡市动物检疫站）
　　　　张艳利（河南省滑县农业农村局）
　　　　岳　敏（新乡学院）
　　　　周春香（黄河科技学院）
　　　　段张秀（河南省新乡市动物检疫站）
　　　　谢军亮（河南省济源市动物卫生监督所）
　　　　魏刚才（河南科技学院）

机械工业出版社

本书共分为 3 章，内容包括蛋鸡的营养需要及常用饲料原料、蛋鸡的饲养标准及饲料配制方法、蛋鸡的饲料配方实例。本书内容全面新颖，重点突出，通俗易懂，紧扣生产实际，图文并茂，注重科学性、先进性、实用性和可操作性，并在书中加入"提示""注意""小经验""小知识"等栏目，使广大蛋鸡养殖场（户）少走弯路。

本书可供规模化蛋鸡场饲养管理人员、蛋鸡养殖户、饲料企业及初养者等阅读，也可以作为农业院校相关专业师生和农村函授等培训班的辅助教材和参考书。

## 图书在版编目（CIP）数据

蛋鸡实用饲料配方手册/王秋霞，王莉，谢军亮主编. —北京：机械工业出版社，2023.12
（饲料科学配制与应用丛书）
ISBN 978-7-111-73911-1

Ⅰ.①蛋… Ⅱ.①王…②王…③谢… Ⅲ.①卵用鸡
-饲料-配方-手册 Ⅳ.①S831.5-62

中国国家版本馆 CIP 数据核字（2023）第 178347 号

机械工业出版社（北京市百万庄大街 22 号 邮政编码 100037）
策划编辑：周晓伟 高 伟 责任编辑：周晓伟 高 伟 刘 源
责任校对：肖 琳 薄萌钰 韩雪清 责任印制：单爱军
保定市中画美凯印刷有限公司印刷
2023 年 12 月第 1 版第 1 次印刷
145mm×210mm·4.875 印张·2 插页·139 千字
标准书号：ISBN 978-7-111-73911-1
定价：29.80 元

电话服务 网络服务
客服电话：010-88361066 机 工 官 网：www.cmpbook.com
010-88379833 机 工 官 博：weibo.com/cmp1952
010-68326294 金 书 网：www.golden-book.com
**封底无防伪标均为盗版** 机工教育服务网：www.cmpedu.com

# 前　言 / PREFACE

　　对蛋鸡养殖的稳定发展和生产效益提高最为关键的影响因素是饲料营养，只有提供充足平衡的日粮，使蛋鸡获得全面均衡的营养，才能使其高产潜力得以发挥。饲料配方是保证蛋鸡获得充足、全面、均衡营养的关键技术，是提高蛋鸡生产性能和维护蛋鸡健康的基本保证。饲料配方的设计不是一个简单的计算过程，实际上是设计者所具备的动物生理、动物营养、饲料学、养殖技术、动物环境科学等方面科学知识的集中体现。运用丰富的饲料营养学知识，结合不同蛋鸡类型和饲养阶段，才能设计出既能保证生产性能，又能最大限度降低饲养成本的好配方。为了使广大蛋鸡养殖场（户）技术人员熟悉有关的饲料营养学知识，了解饲料原料选择及有关饲料、添加剂及药物使用规定等知识，掌握饲料配方设计技术，使好的配方尽快应用于生产实践，我们特组织有关人员编写了本书。

　　本书从蛋鸡的营养需要及常用饲料原料、蛋鸡的饲养标准及饲料配制方法、蛋鸡的饲料配方实例3个方面进行了系统的介绍，内容全面新颖，重点突出，通俗易懂，紧扣生产实际，图文并茂，注重科学性、先进性、实用性和可操作性，设置了"提示""注意""小经验""小知识"等栏目，有利于蛋鸡养殖场（户）少走弯路。本书可供规模化蛋鸡场饲养管理人员、蛋鸡养殖户、饲料企业及初养者等阅读，也可以作为农业院校相关专业师生和农村函授等培训班的辅助教材和参考书。

　　需要特别说明的是，本书提供的饲料配方仅供参考，因配方效果会受到诸多因素影响，如参考的饲养标准，饲料原料的产地、种类、营养成分、等级，蛋鸡的品种、疾病，季节因素，地域分布，生产加工工艺、饲养管理水平、饲养方式等，具体应在饲料配方师的指导下因地制宜、结合本场实际情况而定。

　　由于编者的水平有限，书中难免会有错误和不当之处，敬请广大读者批评指正。

编　者

# 目 录 / CONTENTS

# 第一章
# 蛋鸡的营养需要及常用饲料原料

## 第一节　蛋鸡的营养需要

蛋鸡的生存、生长和繁衍后代等生命活动，离不开营养物质。饲料中凡能被蛋鸡用来维持生命、生产禽类产品、繁衍后代的物质，均称为营养物质（营养素）。饲料中含有各种各样的营养物质，不同的营养物质具有不同的营养作用。不同类型、不同阶段、不同生产水平的蛋鸡对营养物质的需要也是不同的。

### 一、蛋鸡对蛋白质的需要

**1. 蛋白质的组成**

蛋白质主要是由碳、氢、氧、氮 4 种元素组成。此外，有的蛋白质还含有硫、磷、铁、铜和碘等。动物体内所含的氮元素，绝大部分存在于蛋白质中，不同蛋白质的含氮量虽有所差异，但都接近 16%。

**2. 蛋白质的营养作用**

蛋白质在蛋鸡体内具有重要的营养作用，占有特殊的地位，不能用其他营养物质替代，必须由饲料不断供给，其作用见图 1-1。

【注意】

蛋白质供给是保证蛋鸡健康、提高饲料利用率、降低生产成本、提高生产性能的重要环节，要根据蛋鸡的不同生理状态及生产力水平配制蛋白质含量适宜的饲料。

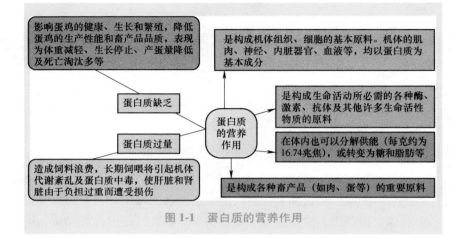

图 1-1　蛋白质的营养作用

### 3. 蛋白质中的氨基酸

饲料中蛋白质进入蛋鸡的消化道，经过各种酶的作用，被分解成氨基酸后再被吸收，成为构成机体蛋白质的基础物质，所以蛋白质的营养作用实质上是氨基酸的营养作用。

（1）蛋白质中氨基酸的组成　氨基酸分为必需氨基酸和非必需氨基酸（图 1-2）。不同生长阶段蛋鸡的必需氨基酸种类见表 1-1。

（2）饲料中的氨基酸　饲料由于种类的不同，所含氨基酸在数量和种类上均有显著差别。一般来说，动物性蛋白质所含的必需氨基酸全面且比例适当，因而品质较好；谷类及其他植物性蛋白质所含的必需氨基酸不全面，量也较少，因而品质较差。

**表 1-1　不同生长阶段蛋鸡的必需氨基酸种类**

| 生长阶段 | 必需氨基酸种类 |
| --- | --- |
| 成年期 | 赖氨酸、蛋氨酸、色氨酸、苯丙氨酸、亮氨酸、异亮氨酸、缬氨酸、苏氨酸 |
| 生长期 | 赖氨酸、蛋氨酸、色氨酸、苯丙氨酸、亮氨酸、异亮氨酸、缬氨酸、苏氨酸、组氨酸、精氨酸 |
| 育雏期 | 赖氨酸、蛋氨酸、色氨酸、苯丙氨酸、亮氨酸、异亮氨酸、缬氨酸、苏氨酸、组氨酸、精氨酸、甘氨酸、胱氨酸、酪氨酸 |

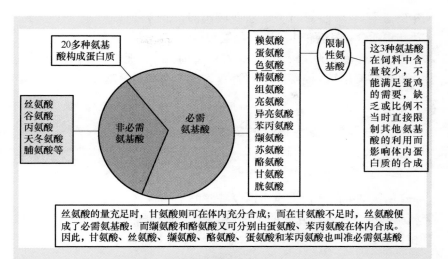

图 1-2　蛋白质中氨基酸的构成及关系

【小知识】

①　如果日粮中缺少某一种或几种必需氨基酸，特别是赖氨酸、蛋氨酸及色氨酸，则可造成生长停滞、体重下降，而且还能影响饲料的消化和利用效果；玉米蛋白质中赖氨酸和色氨酸的含量很低，营养价值较差。

②　科学家发现了改变玉米蛋白质质量和影响玉米蛋白质中氨基酸含量的 2 个突变基因，从而育成了蛋白质含量高达 25%（其中赖氨酸含量达 45%）的玉米新品种，这为开辟蛋白质饲料来源创造了条件。

③　蛋白质的全价性不仅表现在必需氨基酸的种类齐全，而且其含量的比例也要恰当，也就是氨基酸在饲料中必须保持平衡，这样才能充分发挥其营养作用。

（3）　氨基酸的互补性和平衡性

1）　氨基酸的互补性。蛋鸡体内蛋白质的合成和增长，组织的修补和恢复，酶类和激素的分泌等均需要有各种各样的氨基酸，但饲料蛋白

质中的必需氨基酸，由于饲料种类的不同，其含量有很大差异。例如，谷类蛋白质含赖氨酸较少，而含色氨酸则较多；有些豆类蛋白质含赖氨酸较多，而含色氨酸又较少。如果在配合饲料时，把这 2 种饲料混合应用，即可取长补短，提高其营养价值。这种作用就是氨基酸的互补作用。

 【提示】

　　根据氨基酸在饲料中存在的互补作用，可在实际饲养中有目的地选择适当的饲料，进行合理搭配，改善蛋白质的营养价值，提高其利用率。

　　2）氨基酸的平衡性。所谓氨基酸的平衡性，是指饲料中各种必需氨基酸的含量和相互间的比例与动物体维持正常生长、繁殖的需要量相符合，即要遵循氨基酸的水桶效应（图 1-3）。

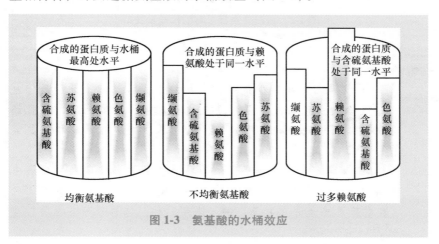

图 1-3　氨基酸的水桶效应

 【注意】

　　只有在饲料中氨基酸保持平衡的条件下，氨基酸方能有效地被利用。任何一种氨基酸的不平衡都会导致蛋鸡体内蛋白质的消耗增加，生产性能降低。如赖氨酸过剩而精氨酸不足的饲料会严重影响雏鸡的生长。

【提示】

　　合理的氨基酸营养，不仅要求饲料中必需氨基酸的种类齐全和含量丰富，而且要求各种必需氨基酸相互间的比例也要适当，即与蛋鸡的需要相符合。

**4. 影响饲料中蛋白质营养作用的因素**

**（1）饲料中蛋白质水平**　饲料中蛋白质水平即蛋白质在饲料中占的数量，过多或缺乏均会造成危害。蛋白质数量过多不仅不能促进体内氮的沉积，反而会使尿中分解不完全的含氮物数量增多，从而导致蛋白质利用率下降，造成饲料浪费；反之，饲料中蛋白质含量过低，也会影响饲料的消化率，造成机体代谢失调，严重影响蛋鸡生产力的发挥。因此，只有维持合理的蛋白质水平，才能提高蛋白质利用率。

**（2）饲料中蛋白质的品质**　蛋白质的品质是由组成它的氨基酸种类与数量决定的。凡含必需氨基酸的种类全、数量多的蛋白质，其全价性高、品质也好，称为完全价值蛋白质；反之，全价性低、品质差的蛋白质，称为不完全价值蛋白质。若饲料中蛋白质的品质好，则其利用率高，且可节省蛋白质的用量。

【小知识】

　　蛋白质的营养价值，一般将可消化蛋白质在体内的利用率（蛋白质的生物学价值）作为评定指标。这实质是氨基酸的平衡和利用问题，因为体内利用可消化蛋白质合成体蛋白的程度，与氨基酸的比例是否平衡有着直接的关系。

　　必需氨基酸与非必需氨基酸的配比问题，对于蛋白质在体内的利用率至关重要。首先要保证氨基酸不作为能源利用，而是主要用于氮代谢；其次要保证有足够的非必需氨基酸，防止必需氨基酸转移到非必需氨基酸的代谢途径。近年来，通过对氨基酸营养价值的研究，使得蛋白质在饲料中的占比趋于降低的同时满足蛋鸡体内蛋白质代谢过程中对氨基酸的需要，提高了蛋白质的生物学价值，节省了蛋白质饲

料。在饲养实践中建议配合饲料应多样化，使饲料中含有的氨基酸种类增多，产生互补作用，以达到提高蛋白质生物学价值的目的。

（3）**饲料中各种营养物质的关系**　饲料中的各种营养因素都是彼此联系、互相制约的。近年来在蛋鸡饲养实践活动中，人们越来越注意到饲料中蛋白能量比的问题。经消化吸收的蛋白质，在正常情况下有70%～80%被用来合成机体组织，另有20%～30%的蛋白质在体内分解，释放出能量，其中分解的产物随尿排出体外。但当饲料中能量不足时，体内蛋白质分解加剧，用以满足蛋鸡对能量的需求，从而降低了蛋白质的生物学价值。因此，在饲养实践中应供给足够的能量，避免价值高的蛋白质被当作能量利用。

另外，当饲料能量浓度降低时，蛋鸡为了满足对能量的需要势必增加采食量，如果饲料中蛋白质的占比不变，则会造成饲料蛋白质的浪费；反之，饲料能量浓度增高，采食量减少，则蛋白质的采食量相应减少，这将造成蛋鸡生产力下降。因此，饲料中能量与蛋白质含量应有一定的比例，如"蛋白能量比（克/兆焦）"是表示此关系的指标。

许多维生素参与氨基酸的代谢反应，如维生素 $B_{12}$ 对提高植物性蛋白质在机体内利用率的作用早已被证实。此外，抗生素的利用及磷脂等的补加，也均有助于提高蛋白质的生物学价值。

（4）**饲料的调制方法**　豆类和生的大豆饼（粕）中含有胰蛋白酶抑制剂，可影响蛋白质的消化吸收，但经加热处理破坏抑制剂后，则会提高蛋白利用率。应注意的是加热时间不宜过长，否则会使蛋白质变性，反而降低蛋白质的营养价值。

（5）**合理利用蛋白质养分的时间因素**　在蛋鸡体内合成一种蛋白质时，必须同时供给数量上足够和比例上合适的各种氨基酸。但因它们饲喂时间不同而不能同时达到机体组织时，必将导致先到者已被分解，后至者失去用处，结果氨基酸的配套和平衡失常，影响利用。

**二、蛋鸡对能量的需要**

能量对蛋鸡具有重要的营养作用，蛋鸡的生存、生长和繁殖等一切生命活动都离不开能量。能量不足或过多，都会影响蛋鸡的生产性能和健康状况。饲料中的有机物——碳水化合物、脂肪和蛋白质都含有能量，但能量主要来源于饲料中的碳水化合物、脂肪。饲料中各种营养物质的热能总值称为饲料总能。能量在蛋鸡体内的转化过程见图1-4。

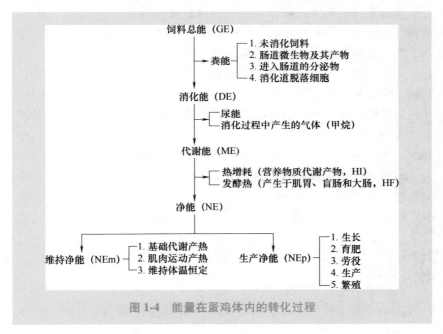

图1-4　能量在蛋鸡体内的转化过程

### 1. 碳水化合物

碳水化合物包括糖、淀粉、纤维素、半纤维素、果胶、黏多糖等物质。饲料中的碳水化合物除少量的葡萄糖和果糖外，大多数以多糖形式的淀粉、纤维素和半纤维素存在。

淀粉主要存在于植物的块根、块茎及谷物类籽实中，其含量可达80%以上。在木质化程度很高的茎叶、稻壳中可溶性碳水化合物的含量很低。淀粉在动物消化道内，在淀粉酶、麦芽糖酶等水解酶的作用下水解为葡萄糖而被吸收。

纤维素、半纤维素存在于植物的细胞壁中，一般情况下不容易被蛋鸡所消化。因此，蛋鸡饲料中纤维素含量不可过高，纤维素的含量

一般应控制在 2.5%～5%。如果饲料中纤维素含量过少，也会影响胃、肠的蠕动和营养物质的消化吸收，并且易发生吞食羽毛、啄肛等不良现象。

碳水化合物在体内可转化为肝糖原和肌糖原贮存起来，以备不时之需。糖原在动物体内的合成贮存与分解消耗经常处于动态平衡中。蛋鸡摄入的碳水化合物在氧化、供给能量、合成糖原后有剩余时，将用于合成脂肪贮存于机体内，以供营养缺乏时使用。

如果饲料中碳水化合物供应不足，不能满足动物维持生命活动需要时，动物为了保证正常的生命活动，就必须动用体内的贮存物质，首先是糖原，然后是体脂。如果仍然不足，则开始挪用蛋白质代替碳水化合物，以解决所需能量的供应。在这种情况下，蛋鸡表现为机体消瘦、体重减轻、生产性能下降、产蛋减少等现象。

蛋鸡的一切生命活动，如躯体运动、呼吸运动、血液循环、消化吸收、废物排泄、神经活动、繁殖后代、体温调节与维持等，都需要耗能，而这些能量主要靠饲料中的碳水化合物进行生理氧化来提供。

**【提示】**

　　在一般情况下，由于蛋鸡的粪尿排出时混在一起，因而生产中只能去测定饲料的代谢能而不能直接测定其消化能，故蛋鸡日粮标准中的能量都以代谢能（ME）来表示，其表示方法是兆焦/千克或千焦/千克。

**2. 脂肪**

脂肪是广泛存在于动、植物体内的一类有机化合物。根据其分子结构的不同，可分为中性脂肪（真脂）和类脂两大类。

**（1）中性脂肪（真脂）**　　中性脂肪是由 1 分子甘油与 3 分子脂肪酸构成的酯类化合物，又称甘油三酯。中性脂肪中的某些不饱和脂肪酸，如亚油酸（十八碳二烯酸）、亚麻酸（十八碳三烯酸）及花生四烯酸（二十碳四烯酸）是蛋鸡营养中必不可少的脂肪酸，所以又被称为必需脂肪酸。

几乎所有的脂肪酸在蛋鸡体内均能合成，一般不存在脂肪酸的缺乏问题。只有亚油酸在蛋鸡体内不能合成，必须由饲料供给。亚油酸缺乏时，雏鸡表现生长不良，成年鸡则表现产蛋量减少、种蛋孵化率降低。玉米胚芽内含有丰富的亚油酸，以玉米为主要成分的全价饲料含有足够的亚油酸，不会发生亚油酸缺乏症；而以高粱或小麦类为主要成分的全价饲料则可能会出现亚油酸缺乏现象，应给予足够注意。

（2）类脂 类脂是指含磷、含糖或含氮的脂肪。它在化学组成上虽然有别于中性脂肪，但在结构或性质上与中性脂肪接近，主要包括磷脂、糖脂、固醇类及蜡质。类脂是构成动物体各种器官、组织和细胞的重要原料，如神经、肌肉、骨骼、皮肤、羽毛和血液成分中均含有类脂。

中性脂肪的热能价值很高。在蛋鸡体内，其氧化时放出的热能为同等重量碳水化合物的2.25倍。所以它是供给蛋鸡能量的重要原料，也是蛋鸡体贮存能量的最佳形式。国内外研究中，在产蛋鸡全价饲料中添加1%~5%的中性脂肪来提高全价饲料的能量水平，对产蛋和提高饲料转化率方面，都取得了良好效果。

脂肪还是脂溶性维生素的良好溶剂，饲料中的脂溶性维生素A、维生素D、维生素E、维生素K和胡萝卜素等，都必须溶于脂肪才能被吸收、输送和利用。由此可见，饲料中含有一定量的脂肪可促进脂溶性维生素等的吸收和转运。饲料中缺乏脂肪，常可导致脂溶性维生素等的缺乏。

脂肪和碳水化合物一样，在蛋鸡体内分解后产生热量，用以维持体温和供给体内各器官活动时所需要的能量，其热能是碳水化合物的2.25倍。脂肪也是体细胞的组成成分，是合成某些激素的原料，尤其是生殖激素大多需要胆固醇作为原料。脂肪还是脂溶性维生素的携带者，脂溶性维生素必须以脂肪作为溶剂在体内运输。若饲料中缺乏脂肪，会影响脂溶性维生素的吸收和利用，蛋鸡易发生脂溶性维生素缺乏症。

不能在体内合成，必须由饲料提供的脂肪酸（如亚油酸）称为必需脂肪酸。必需脂肪酸缺乏会影响磷脂代谢，造成细胞膜结构异常，通透性改变，皮肤和毛细血管受损。以玉米为主要成分的饲料中通常含有足够的亚油酸。而以稻谷、高粱和麦类为主要成分的饲料中可能出现亚油酸的不足。

### 3. 蛋白质

当蛋鸡体内碳水化合物和脂肪不足时，多余的蛋白质可在体内分解、氧化供能，以补充热量的不足。蛋鸡过度饥饿时机体蛋白质也可能供能。蛋鸡体内多余的蛋白质可经脱氨基作用，将不含氮部分转化为脂肪或糖原，贮存起来，以备营养不足时供能。

【提示】

蛋白质供能不仅不经济，而且容易加重机体的代谢负担。

蛋鸡对能量的需要包括本身的代谢维持需要和繁殖需要。影响能量需要的因素很多，如环境温度、蛋鸡的类型、品种、不同生长阶段及生理状况和繁殖水平等。饲料的能量值有一定范围，蛋鸡的采食量多少可由饲料的能量值确定，所以饲料不仅要有适宜的能量值，而且与其他营养物质的比例要合理，使蛋鸡摄入的能量与各营养物质之间保持平衡，提高饲料转化率和饲养效果。

### 三、蛋鸡对矿物质的需要

矿物质（矿物元素）是一类无机营养物质，存在于蛋鸡体内各种组织及细胞中，除以有机化合物形式存在的碳、氢、氧和氮外，其余的各种元素无论含量多少，统称为矿物质或矿物元素。矿物质是构成骨骼、蛋壳、羽毛、血液等组织不可缺少的成分，对蛋鸡的生长发育、生理功能及繁殖功能具有重要作用。蛋鸡需要的矿物质有钙、磷、钠、钾、氯、镁、硫、铁、铜、钴、碘、锰、锌、硒等，其中前7种是常量元素（占体重 0.01% 以上），后7种是微量元素。

【注意】

矿物质是蛋鸡新陈代谢、生长发育和产蛋必不可少的营养物质，但它们过量时对蛋鸡可产生毒害作用。

## 四、蛋鸡对维生素的需要

维生素是动物机体进行新陈代谢、生长发育和繁衍后代所必需的一类有机化合物。蛋鸡对维生素的需要量很小，通常以毫克计。但维生素在蛋鸡生命活动中的生理作用却很大，而且相互之间不可代替。它们主要是以辅酶和辅基的形式参与构成各种酶类，广泛参与蛋鸡体内的生物化学反应，从而维持机体组织和细胞的完整性，保证蛋鸡的健康和生命活动的正常进行。

维生素按其溶解性可分为脂溶性和水溶性两大类，每一类中又各包括许多种维生素。脂溶性维生素包括维生素 A、维生素 D、维生素 E、维生素 K；水溶性维生素主要有 B 族维生素和维生素 C。蛋鸡体内的维生素可从饲料中获取、消化道中微生物合成和其他器官合成，共 3 种途径。蛋鸡的消化道短，消化道内的微生物较少，合成维生素的种类和数量都有限；蛋鸡除肾脏能合成一定量的维生素 C 外，其他维生素均不能在体内合成，而必须从饲料中摄取。

 【提示】

蛋鸡缺乏某种维生素时，会引起相应的新陈代谢和生理机能的障碍，导致特有的疾病，称为某种维生素缺乏症。数种维生素同时缺乏而引起的疾病，则称为多种维生素缺乏症。

## 五、蛋鸡对水的需要

水是蛋鸡机体一切细胞和组织的组成成分。水广泛分布于各器官、组织和体液中。体液以细胞膜为界，分为细胞内液和细胞外液。正常蛋鸡的细胞内液约占体液的 2/3；细胞外液主要指血浆和组织液，约占体液的 1/3。细胞内液、组织液和血浆之间的水分不断地进行着交换，保持着动态平衡。组织液是血浆中营养物质与细胞内液中

代谢产物进行交换的媒介。

蛋鸡体内水的营养作用是繁多而复杂的，所有生命活动都依赖水的存在。其主要生理功能是参与体内物质运输（体内各种营养物质的消化、吸收、转运和大多数代谢废物的排泄，都必须溶于水中才能进行）；参与生物化学反应（在蛋鸡体内的许多生物化学反应都必须有水的参与，如水解、水合、氧化还原，有机物的合成和所有聚合和解聚作用都伴有水的结合或释放）；参与体温调节（蛋鸡体内新陈代谢过程产生的热，被吸收后通过体液交换和血液循环，经皮肤中的汗腺和肺部呼气散发出来）。

【注意】

蛋鸡得不到饮水比得不到饲料更难维持生命。饥饿时蛋鸡可以消耗体内的绝大部分脂肪和一半以上的蛋白质来维持生命。但如果体内水分损失达 10%，则会引起机体新陈代谢的严重紊乱；如果体内损失 20% 以上的水分，即可引起死亡，高温季节缺水的后果更为严重。

## 第二节　蛋鸡的常用饲料原料

含有蛋鸡所需要的营养物质成分而不含有害成分的物质都称为饲料。蛋鸡的常用饲料有几十种，各有其特性，归纳起来主要可以分为五大类，分别是能量饲料、蛋白质饲料、矿物质饲料、维生素饲料、饲料添加剂。

饲料原料又称单一饲料，是指以一种动物、植物、微生物或矿物质为来源的饲料。单一饲料原料所含养分的数量及比例都不符合蛋鸡的营养需要。生产中需要根据各种饲料原料的营养特点合理利用。

### 一、能量饲料

干物质中粗纤维含量不足 18%，粗蛋白质含量低于 20% 的饲料均属于能量饲料。能量饲料是富含碳水化合物和脂肪的饲料。这类饲料主要包括禾本科的谷实饲料及它们加工后的副产品、块根块茎类、动植物油脂和糖蜜等，是蛋鸡用量最多的一种饲料，占日粮的 50%~80%，其功能主要是供给蛋鸡所需要的能量。

### 1. 玉米

玉米（彩图 1）能量高达 13.59~14.21 兆焦/千克，蛋白质只占8%~9%，矿物质和维生素不足。其适口性好，消化率高达 90%，价格适中，是主要的能量饲料。玉米中含有较多的胡萝卜素，有益于蛋黄和蛋鸡的皮肤着色；但不饱和脂肪酸含量高，粉碎后易酸败变质。

【提示】

如果生长季节和贮存条件不当，霉菌和霉菌毒素可能成为问题（图 1-5）。经过运输的玉米，不论运输时间多长，霉菌生长都可能造成严重问题。玉米运输中如果湿度大于或等于 16%、温度大于或等于 25℃，经常发生霉菌生长问题。一个解决办法是在装运时加入有机酸。但是必须记住的是，有机酸可以杀死霉菌并预防其重新感染，但对已产生的霉菌毒素是没有作用的。

图 1-5  被玉米螟侵害及真菌感染的玉米（左图）和霉变的玉米（右图）

【注意】

玉米在饲料中占 50%~70%。使用中注意补充赖氨酸、色氨酸等必需氨基酸；培育的高蛋白质、高赖氨酸等饲用玉米，营养价值更高，饲喂效果更好。饲料要现配现用，可使用防霉剂。被玉米螟侵害和真菌感染、霉变的玉米禁用。

## 2. 小麦

小麦的代谢能约为 12.5 兆焦/千克，粗蛋白质含量在禾谷类中最高（12%~15%），且氨基酸种类比其他谷实类完全；缺乏赖氨酸和苏氨酸，B 族维生素丰富，钙、磷比例不当。虽然小麦的蛋白质含量比玉米要高得多，供应的能量只是略少些，但是如果在日粮中的用量超过 30% 就可能造成一些问题，特别是对于幼龄蛋鸡。小麦含有 5%~8% 的戊糖，戊糖可能引起消化物黏稠度问题，导致总体的日粮消化率下降和粪便湿度增大。

【小知识】

小麦的戊糖成分主要是阿拉伯木聚糖，它与其他细胞壁成分相结合，能吸收比自身重量高 10 倍的水分。但是，蛋鸡不能产生足够数量的木糖酶，因此这些聚合物就会增加消化物的黏稠度。多数幼龄蛋鸡（小于 10 日龄）中所观察到的小麦代谢能下降 10%~15% 的现象很可能就与它们不能消化这些戊糖有关。随着小麦贮存时间的延长，其对消化物黏稠度的负面影响似乎会下降。

【注意】

在配合饲料中小麦的用量可占 10%~20%。添加 β-葡聚糖酶和木聚糖酶的情况下，可占 30%~40%。当日粮中大量利用小麦时如果不注意添加外源性的生物素，则会导致蛋鸡脂肪肝综合征的大量发生。

【提示】

用小麦生产配合饲料时，应根据不同饲喂对象采取相应的加工处理方法，或破碎，或干压，或湿碾，或制粒，或膨化，以提高适口性和消化率。在生产实践中发现，不论对于哪种动物来说，小麦粉碎过细都是不明智的，因为过细的小麦（粒、粉），不但可产生糊口现象还可能在消化道中粘连成团而影响其消化。

### 3. 高粱

高粱（彩图2）的代谢能为 12~13.7 兆焦/千克，其余营养成分与玉米相近。高粱中钙多、磷多；含有单宁（鞣酸），有涩味，适口性差。

【注意】

在日粮中使用过多高粱时易引起便秘，雏鸡料中不使用，育成和产蛋鸡日粮中应在 20% 以下。蛋鸡饲料中高粱用量多时应注意维生素 A 的补充及氨基酸、热能的平衡，并考虑色素来源及必需脂肪酸是否足够。

【提示】

高粱的种皮部分含有单宁，具有苦涩味，适口性差，还可使含铁制剂变性，应注意增加铁的用量。

### 4. 大麦

大麦（彩图3）的代谢能低，约为玉米的75%，但B族维生素含量丰富。其含有的抗营养因子主要是单宁和β-葡聚糖，单宁可影响大麦的适口性和蛋白质的消化利用率。

【注意】

在配合饲料中大麦的用量可占 20%~30%。因其皮壳粗硬，需破碎或发芽后少量搭配饲喂。

### 5. 麦麸

麦麸包括小麦麸和大麦麸，麦麸的粗纤维含量为 8%~9%。麦麸代谢能一般为 7.11~7.94 兆焦/千克，粗蛋白质含量为 13.5%~15.5%，其各种成分比较均匀，且适口性好，是蛋鸡的常用饲料。麦麸的粗纤维含量高，容积大，具有轻泻作用。

**【注意】**

　　麦麸用于配合饲料中，在育雏期饲料中占 5%~10%，在育成期和产蛋期饲料中占 10%~20%；麦麸变质严重会影响蛋鸡消化机能，造成腹泻等；因麦麸吸水性强，饲料中太多麦麸可限制蛋鸡采食量；麦麸为高磷低钙饲料，在治疗因缺钙引起的软骨病或佝偻病时，应提高钙用量。另外，磷过多影响铁吸收，治疗缺铁性贫血时应注意加大铁的补充量。

**6. 米糠**

　　米糠（彩图 4）又叫稻糠，其成分随加工大米精白的程度而有显著差异。其代谢能低，粗蛋白质含量高，富含 B 族维生素，含磷、镁和锰多，含钙少，含粗纤维多。

**【注意】**

　　一般在配合饲料中米糠用量可占 8%~12%，但雏鸡料和肉鸡料中一般不宜使用米糠。喂米糠过多还会引起腹泻和产生软脂肉。米糠含油脂较多，久贮易变质。

**7. 油脂饲料**

　　油脂饲料（彩图 5）是指油脂（如豆油、玉米油、菜籽油、棕榈油等）和脂肪含量高的原料如膨化大豆、大豆磷脂等。油脂饲料的代谢能是玉米的 2.25 倍。

**【提示】**

　　油脂饲料可作为脂溶性维生素的载体，还能提高日粮能量浓度，减少料末飞扬和饲料浪费。添加大豆磷脂能保护肝脏，提高肝脏解毒功能，保护黏膜的完整性，提高蛋鸡免疫系统活力和抵抗力。

**【注意】**

　　在饲料中添加 3%~5% 的脂肪，可以提高雏鸡的日增重，保证蛋鸡夏季能量的摄入量和减少热增耗，降低饲料消耗量。但添加脂肪的同时要相应提高其他营养物质的水平。脂肪易氧化，酸败和变质。

## 二、蛋白质饲料

饲料干物质中粗蛋白质含量在 20% 以上，粗纤维含量低于 18% 的饲料均属蛋白质饲料。根据其来源可分为植物性蛋白质饲料、动物性蛋白质饲料和微生物蛋白质饲料。

### 1. 大豆饼（粕）

大豆饼或大豆粕（彩图 6）含粗蛋白质 40%~45%，赖氨酸含量高，适口性好。经加热处理的大豆饼（粕）是蛋鸡最好的植物性蛋白质饲料。

【提示】

生的大豆中含有抗胰蛋白酶、皂苷、脲酶等有害物质。榨油过程中，加热不良的大豆饼（粕）中会含有这些物质，影响蛋白质利用率，可降低蛋鸡的生产性能，导致雏鸡脾脏肿大；经过 158℃ 加热的大豆粕严重的可使蛋鸡的增重和饲料转化率下降，如果此时补充赖氨酸为主的添加剂，蛋鸡的体重和饲料转化率下降均可得到改善。

【注意】

一般在配合饲料中大豆饼（粕）的用量可占 15%~25%。由于大豆饼（粕）的蛋氨酸含量低，与其他饼粕类或鱼粉等配合使用效果更好。

### 2. 花生仁饼（粕）

花生仁粕和花生仁饼（彩图 7）的粗蛋白质含量略高于大豆饼（粕），为 42%~48%，精氨酸和组氨酸含量高，赖氨酸含量低，适口性好于大豆饼（粕）。

【注意】

一般在配合饲料中花生仁饼（粕）的用量可占 15%~20%。与大豆饼（粕）配合使用效果较好。生长黄曲霉的花生仁饼（粕）不能使用。

### 3. 棉籽饼（粕）

带壳榨油的称棉籽饼或棉籽粕，脱壳榨油的称棉仁饼或棉仁粕，前者含粗蛋白质 17%～28%；后者含粗蛋白质 39%～40%（彩图 8）。

**【提示】**

普通的棉籽中含有色素腺体，色素腺体内含有对动物有害的棉酚，在棉籽粕（饼）中残留的油分中含量为 1%～2% 环丙烯类脂肪酸，这种物质可以加重棉酚所引起的蛋鸡蛋黄变稀、变硬症状，同时可以引起蛋清呈现出粉红色。

**【注意】**

棉籽饼（粕）喂前应采用脱毒措施，未经脱毒的棉籽饼（粕）喂量不能超过配合饲料的 3%～5%。

### 4. 菜籽饼（粕）

菜籽粕或菜籽饼（彩图 9）含粗蛋白质 35%～40%，赖氨酸含量比大豆饼（粕）低 50%，含硫氨基酸含量高于大豆饼（粕）14%，粗纤维含量为 12%，有机质消化率为 70%。可代替部分大豆饼（粕）喂蛋鸡。但菜籽饼（粕）中含有毒物质（芥子酶）。

**【注意】**

一般在配合饲料中未经脱毒处理的菜籽饼（粕）的用量不超过 5%，用量达到 10% 时，蛋鸡的死亡率增加，产蛋率、蛋重及哈氏单位下降，甲状腺肿大。对褐壳蛋鸡饲喂菜籽饼（粕）时，产出的蛋会有鱼腥味。

### 5. 芝麻饼（粕）

芝麻粕（彩图 10）或芝麻饼含粗蛋白质 40% 左右，蛋氨酸含量高，适当与大豆饼（粕）搭配饲喂蛋鸡，能提高蛋白质的利用率。

【提示】

　　因芝麻饼（粕）含草酸、植酸等抗营养因子，影响钙、磷吸收，会造成蛋鸡脚软症，使用时饲料中需添加植酸酶。

【注意】

　　一般在配合饲料中芝麻饼（粕）的用量为 5%~10%。用量过高时，有引起生长抑制和发生腿病的可能，不能用于雏鸡；芝麻饼（粕）含脂肪多，不宜久贮，最好现粉碎现饲喂。

## 6. 向日葵仁饼

优质的向日葵仁饼（彩图 11）含粗蛋白质 40% 以上、粗脂肪 5% 以下、粗纤维 10% 以下，B 族维生素含量比大豆饼（粕）高。

【注意】

　　一般在配合饲料中向日葵仁饼（粕）的用量可占 10%~20%。带壳的向日葵仁饼（粕）不宜饲喂蛋鸡。

## 7. 亚麻仁饼（粕）

亚麻仁饼（粕）的蛋白质品质较差，赖氨酸和蛋氨酸含量少，色氨酸含量高达 0.45%。

【注意】

　　亚麻仁饼（粕）的含抗吡哆醇因子和能产生氰氢酸的糖苷，适口性差，具轻泻性，代谢能低，维生素 K、赖氨酸、蛋氨酸含量较低，赖氨酸与精氨酸比例失调。蛋鸡 6 周龄前的日粮中不使用亚麻仁饼，育成鸡和母鸡日粮中可用 5%，同时将维生素 $B_6$ 的用量加倍。

## 8. 玉米蛋白粉

玉米蛋白粉是玉米籽粒经食品工业生产淀粉或酿酒工业提纯后的副产品，具有特殊的味道和色泽，是有效能值较高的蛋白质类饲料原料，与饲料工业常用的鱼粉、大豆饼（粕）比较，资源优势明显，饲用价值高，不含有毒有害物质，不需进行再处理，可直接用作蛋白质原料。蛋白质含量为20%~70%。高能、高蛋白质，蛋氨酸、胱氨酸、亮氨酸含量丰富，叶黄素含量高，有利于鸡蛋及皮肤着色。玉米蛋白粉中含7%~8%的柠檬酸，具有良好的促生长作用。

【注意】

　　玉米蛋白粉中赖氨酸、色氨酸含量低，氨基酸欠平衡，黄曲霉毒素含量高，蛋白质含量越高，叶黄素含量也高。

### 9. 玉米胚芽饼（粕）

　　玉米胚芽饼（粕）是以玉米胚芽为原料，经压榨或浸提取油后的副产品。玉米胚芽饼（粕）中含粗蛋白质18%~20%、粗脂肪1%~2%、粗纤维11%~12%。其氨基酸含量低于玉米蛋白粉，氨基酸较平衡，赖氨酸、色氨酸、维生素含量较高。

【注意】

　　玉米胚芽饼（粕）的代谢能随其含油量高低而变化，品质变化较大，黄曲霉毒素含量高。由于含有较多的纤维质，所以对蛋鸡的饲喂量应受到限制，产蛋鸡不超过5%。

### 10. 酒糟蛋白饲料

　　酒糟蛋白饲料为含有可溶固形物的干酒糟。在以玉米为原料发酵制取乙醇过程中，其中的淀粉转化成乙醇和二氧化碳，其他营养成分如蛋白质、脂肪、纤维等均留在酒糟中。同时，由于微生物的作用，酒糟中蛋白质、B族维生素及氨基酸的含量均比玉米有所增加，并含有发酵中生成的未知促生长因子。市场上的玉米酒糟蛋白饲料产品有两种：一种为DDG（Distillers Dried Grains），是将玉米酒糟进行简单过滤，排放掉滤清液，只对滤渣单独干燥而获得的饲料；另一种为DDGS（Distillers Dried Grains with Solubles），是将滤清液干燥浓缩后再与滤渣混合干燥而获得的饲料。后者的能量和营养物质总量均明显高于前者。酒糟蛋白饲料的蛋白质含量高（DDGS的蛋白质含量在26%以上），富含B族维生素、矿物质和未知生长因子，促使皮肤发红。

**【注意】**

DDGS 是优秀的必需脂肪酸、亚油酸来源，可以与其他饲料配合作为种鸡和产蛋鸡的饲料。因其含有未知生长因子，故有利于蛋鸡和种鸡的产蛋和孵化，也可减少脂肪肝的发生，其用量不宜超过 10%。

**【提示】**

DDGS 水分含量高，且谷物已破损，霉菌容易生长，因此霉菌毒素含量很高，可能存在多种霉菌毒素，会引起蛋鸡的霉菌毒素中毒症。导致蛋鸡免疫低下，易发病，生产性能下降。所以必须使用防霉剂和广谱霉菌毒素吸附剂。其不饱和脂肪酸的比例高，容易发生氧化，对蛋鸡健康不利，会造成能值下降，影响生产性能和产品质量，所以要使用抗氧化剂；DDGS 中的纤维含量高，单胃动物不能利用，使用酶制剂可提高蛋鸡对纤维的利用率。另外，有些 DDGS 产品可能有植物凝集素、棉酚等，加工后活性会大幅度降低。

### 11. 啤酒糟和麦芽根

啤酒糟（彩图 12）是啤酒工业的主要副产品，是以大麦为原料，经发酵提取籽实中可溶性碳水化合物后的残渣。啤酒糟的干物质中含粗蛋白质 25.13%、粗脂肪 7.13%、粗纤维 13.81%、灰分 3.64%、钙 0.4%、磷 0.57%；在氨基酸组成上，赖氨酸占 0.95%、蛋氨酸 0.51%、胱氨酸 0.30%、精氨酸 1.52%、异亮氨酸 1.40%、亮氨酸 1.67%、苯丙氨酸 1.31%、酪氨酸 1.15%；亚油酸含量高；锰、铁、铜等微量元素丰富；含多种消化酶。

麦芽根是大麦生产啤酒的副产品，是大麦浸水发芽后生长出长 3 毫米左右芽根。麦芽根呈浅金黄色、有其特殊味道，久贮后会产生氨味。麦芽根的营养物质含量极其丰富，含蛋白质 24%~28%，另外还含有丰富的淀粉酶、麦芽酶、果糖酶、蛋白酶及未知生长因子，有助于蛋鸡消化，是优良饲料来源。

【注意】

啤酒糟以戊聚糖为主，对雏鸡营养价值低。虽具芳香味，但含生物碱，适口性差，少量使用有助于消化。麦芽根含有 N-甲基大麦芽碱，具有苦味，适口性差，在蛋鸡饲料中用量不宜过多，否则，采食量和消化率都会降低，且部分蛋鸡发生神经症状。

### 12. 饲料酵母

用作蛋鸡饲料的酵母菌体，包括所有用单细胞微生物生产的单细胞蛋白。呈浅黄色或褐色的粉末或颗粒状，蛋白质含量高，维生素含量丰富，含菌体蛋白 4%~6%，B 族维生素含量丰富，赖氨酸含量高，具有酵母香味。酵母的组成与菌种、培养条件有关。一般含蛋白质 40%~65%、脂肪 1%~8%、糖类 25%~40%，灰分 6%~9%，其中含有约 20 种氨基酸。在谷物中含量较少的赖氨酸、色氨酸，在酵母中比较丰富；特别是在配合添加蛋氨酸时，其可利用氮比大豆高 30%左右。酵母的发热量相当于牛肉，又由于含有丰富的 B 族维生素，通常作为补充蛋白质和维生素的饲料。用于蛋鸡可以收到增强体质、减少疾病、增重快、产蛋多等良好经济效果。

【注意】

酵母品质因反应底物不同而变异，可通过显微镜检测酵母细胞总数判断酵母质量。因饲料酵母中缺乏蛋氨酸，饲喂蛋鸡时需要与鱼粉搭配。由于其价格较高，所以无法普遍使用。

### 13. 鱼粉

鱼粉的蛋白质含量高达 45%~60%，氨基酸齐全平衡，富含赖氨酸、蛋氨酸、胱氨酸和色氨酸。鱼粉中含有丰富的维生素 A 和 B 族维生素，特别是维生素 $B_{12}$。其还含有钙、磷、铁、未知生长因子和脂肪。鱼粉的质量指标应符合相关饲料标准的规定，鱼粉中不得有虫寄生。真假鱼粉的鉴别技巧见图 1-6。

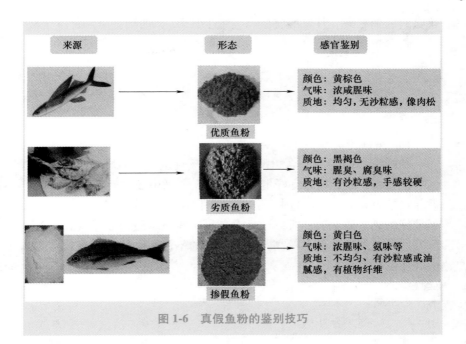

| 来源 | 形态 | 感官鉴别 |
|---|---|---|
| | 优质鱼粉 | 颜色：黄棕色<br>气味：浓咸腥味<br>质地：均匀，无沙粒感，像肉松 |
| | 劣质鱼粉 | 颜色：黑褐色<br>气味：腥臭、腐臭味<br>质地：有沙粒感，手感较硬 |
| | 掺假鱼粉 | 颜色：黄白色<br>气味：浓腥味、氨味等<br>质地：不均匀、有沙粒感或油腻感、有植物纤维 |

图 1-6    真假鱼粉的鉴别技巧

【注意】

一般在配合饲料中鱼粉的用量可占 5%～15%。用它来补充植物性饲料中限制性氨基酸不足效果很好；但其易感染沙门菌，且国产鱼粉含盐量变化较大，使用时应防止食盐中毒。

## 14. 血粉

血粉（彩图 13）含粗蛋白质 80% 以上，赖氨酸含量为 6%～7%，但蛋氨酸和异亮氨酸含量较少，异亮氨酸严重缺乏，利用率低。

【注意】

血粉的适口性差，在日粮中用量过多，易引起腹泻，一般其用量占日粮 1%～3%。

## 15. 肉骨粉

肉骨粉的粗蛋白质含量达 40% 以上，蛋白质消化率高达 80%，

赖氨酸、脯氨酸、甘氨酸含量高，维生素 $B_{12}$、烟酸、胆碱含量丰富，钙、磷含量高且比例合适（2:1），蛋氨酸和色氨酸含量较少。

【注意】

　　肉骨粉易变质，不易保存，一般在配合饲料中用量在5%左右。

### 16. 蚕蛹粉

　　蚕蛹粉（彩图14）含粗蛋白质约68%且蛋白质品质好，限制性氨基酸含量高，是蛋鸡的良好蛋白质饲料。蚕蛹中还含有一定量的几丁质，它是构成虫体外壳的成分；矿物质中钙、磷比例为1:（4~5），也是较好的钙、磷饲料；蚕蛹还富含各种必需氨基酸，如赖氨酸、含硫氨基酸及色氨酸含量都较高；含有较高的不饱和脂肪酸，特别是亚油酸和亚麻酸。

【注意】

　　蚕蛹粉含有异臭味，使用时要注意添加量，以免影响全价配合饲料的适口性。其脂肪含量高，不耐贮存。一般在配合饲料中用量占5%~10%。

### 17. 羽毛粉

　　羽毛粉（彩图15）可以进行水解、酶解、膨化等处理。水解羽毛粉含粗蛋白质近80%，胱氨酸含量丰富，蛋氨酸、赖氨酸、色氨酸和组氨酸含量低，使用时要注意氨基酸平衡问题，应该与其他动物性饲料配合使用。

【注意】

　　羽毛粉中多为角蛋白，氨基酸组成极不平衡，利用率低。蛋鸡饲料中羽毛粉用量大会导致产蛋量下降，蛋重变轻。一般在配合饲料中用量以2%~3%为宜，最多不超过5%。在蛋鸡饲料中添加羽毛粉可以预防和减少啄癖。

### 三、矿物质饲料

矿物质饲料是为了补充植物性和动物性饲料中某种矿物质元素的不足而利用的一类饲料。大部分饲料中都含有一定量矿物质，在散养和低产的情况下，看不出明显的矿物质缺乏症，但在舍饲、笼养、高产的情况下矿物质需要量增多，必须在饲料中补加。

**1. 骨粉和磷酸氢钙**

骨粉和磷酸氢钙均含有大量的钙和磷，而且比例合适，主要用于补充饲料中磷的不足。在配合饲料中用量可占 1.5%~2.5%。

**2. 贝壳粉、石粉和蛋壳粉**

贝壳粉（彩图 16）是最好的钙质矿物质饲料，含钙量高，又容易吸收。在配合饲料中用量可占 1.5%~2.5%；石粒和石粉（彩图 17）价格便宜，含钙量高，但蛋鸡吸收能力差。蛋壳粉（彩图 18）可以自制，将各种蛋壳经水洗、煮沸和晒干后粉碎即成，吸收率也较好。

【注意】

对于贝壳粉、石粉和蛋壳粉在蛋鸡配合饲料中用量，育雏及育成阶段、肉用鸡为 1%~2%。产蛋阶段为 6%~7%。使用蛋壳粉要严防传播疾病。

**3. 食盐**

食盐主要用于补充蛋鸡体内的钠和氯，保证蛋鸡正常新陈代谢，还可以增进蛋鸡的食欲。用量可占配合饲料的 3%~3.5%。

**4. 沸石**

沸石（彩图 19）属于硅酸盐矿物，在自然界中多达 40 多种。沸石中含有磷、铁、铜、钠、钾、镁、钙、银、钡等 20 多种矿物质元素，是一种质优价廉的矿物质饲料。它在配合饲料中用量可占 1%~3%。沸石可以降低蛋鸡舍内有害气体含量，保持舍内干燥，苏联称其为"卫生石"。

**5. 砂砾**

砂砾有助于肌胃中饲料的研磨，起到"牙齿"的作用。蛋鸡吃不到砂砾，饲料转化率要降 20%~30%。砂砾应不溶于盐酸。

## 四、维生素饲料

主要提供各种维生素的饲料是维生素饲料，包括青菜类、块茎类、青绿多汁饲料和草粉等。常用的有白菜、胡萝卜、野菜类和干草粉（苜蓿草粉、槐叶粉和松针粉）等。在规模化饲养条件下，使用维生素饲料不方便，多利用人工合成的维生素添加剂来代替。

### 1. 苜蓿草粉

苜蓿草粉，除含有丰富的 B 族维生素、维生素 C、维生素 E、维生素 K 外，每千克草粉还含有高达 50～80 毫克的胡萝卜素。其营养成分随生长时期的不同而不同（表 1-2）。苜蓿草粉是在紫花盛花期前，将其收割下来，经晒干或其他方法干燥，粉碎而制成。

**表 1-2　苜蓿草粉干物质的成分变化**

| 成分 | 现蕾前 | 现蕾期 | 盛花期 |
|---|---|---|---|
| 粗纤维（%） | 22.1 | 26.5 | 29.4 |
| 粗蛋白质（%） | 25.3 | 21.5 | 18.2 |
| 灰分（%） | 12.1 | 9.5 | 9.8 |
| 可消化蛋白质（%） | 21.3 | 17 | 14.5 |

【注意】

　　饲喂蛋鸡苜蓿草粉可增加蛋黄的颜色深度，维持其皮肤、脚、趾的黄色。在饲料中的添加量为 3% 左右。

### 2. 叶粉

树叶营养丰富，经加工调制后可以作为蛋鸡的饲料。我国有大量的树叶可以作为饲料（图 1-7）。

## 五、饲料添加剂

为了满足蛋鸡的营养需要，实现日粮的全价性，需要添加原来含量不足或不含有的营养物质和非营养物质（如氨基酸添加剂，见彩图 20；维生素添加剂，见彩图 21），以提高饲料转化率，促进蛋鸡生长发育，防治某些疾病，减少饲料贮存期间营养物质的损失（如饲料保鲜防霉剂，见彩图22）或改进产品品质等，这类物质称为饲料添加剂。它可以强化基础日粮的营养价值，促进蛋鸡生长、确保蛋鸡健康，提高蛋鸡生产性能。它可分为营养性添加剂和非营养性添加剂两大类（图1-8）。

榆树叶　　　　　　　槐树叶　　　　　　　杨树叶

荆树叶（豆科树种）　　　松针　　　　　　梨树叶（果树类）

图1-7　常用作饲料的树叶

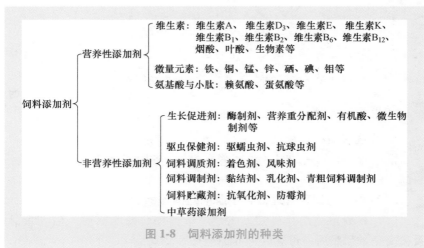

图1-8　饲料添加剂的种类

# 第二章
## 蛋鸡的饲养标准及饲料配制方法

## 第一节　蛋鸡饲养标准及应用

### 一、蛋鸡的饲养标准

根据蛋鸡维持生命活动和从事各种生产，如产蛋等对能量和各种营养物质需要量的测定，并结合各国饲料条件及当地环境因素，制定出蛋鸡对能量、蛋白质、必需氨基酸、维生素和微量元素等的供给量或需要量，称为蛋鸡的饲养标准，并以表格形式以每天每只具体需要量或占日粮含量的百分数来表示。

【注意】

　　　许多育种公司根据其培育品种的特点、生产性能及饲料、环境条件变化等，制定营养需要标准，按照这个饲养标准进行饲养，便可达到该公司公布的某一优良品种的生产性能指标，应在购买各品种的雏鸡时索要饲养管理指导手册，按手册上的要求配制饲料。

**1. 我国农业行业标准**

根据 NY/T 33—2004《鸡饲养标准》，各阶段蛋鸡（包括种鸡）的饲养标准见表 2-1。

**2. 育种公司饲养管理指导手册中的饲养标准**

（1）白壳蛋品系和褐壳蛋品系后备母鸡的饲养标准　　白壳蛋品系和褐壳蛋品系后备母鸡的饲养标准见表 2-2。

### 表 2-1　各阶段蛋鸡的饲养标准

| 营养指标 | 生长蛋鸡 | | | 产蛋鸡 | | 种鸡 |
|---|---|---|---|---|---|---|
| | 0~8周龄 | 9~18周龄 | 19周龄~开产 | 开产~高峰期（产蛋率≥85%） | 高峰后（产蛋率<85%） | |
| 代谢能/（兆焦/千克） | 11.91 | 11.70 | 11.50 | 11.29 | 10.87 | 11.29 |
| 粗蛋白质（%） | 19.0 | 15.5 | 17.0 | 16.5 | 15.5 | 18.0 |
| 钙（%） | 0.90 | 0.80 | 2.00 | 3.50 | 3.50 | 3.50 |
| 总磷（%） | 0.70 | 0.60 | 0.55 | 0.60 | 0.60 | 0.60 |
| 非植酸磷（%） | 0.40 | 0.35 | 0.32 | 0.32 | 0.32 | 0.32 |
| 钠（%） | 0.15 | 0.15 | 0.15 | 0.15 | 0.15 | 0.15 |
| 氯（%） | 0.15 | 0.15 | 0.15 | 0.15 | 0.15 | 0.15 |
| 蛋氨酸（%） | 0.37 | 0.27 | 0.34 | 0.34 | 0.32 | 0.34 |
| 蛋氨酸+胱氨酸（%） | 0.74 | 0.55 | 0.64 | 0.65 | 0.56 | 0.65 |
| 赖氨酸（%） | 1.00 | 0.68 | 0.70 | 0.75 | 0.70 | 0.75 |
| 色氨酸（%） | 0.20 | 0.18 | 0.19 | 0.16 | 0.15 | 0.16 |
| 精氨酸（%） | 1.18 | 0.98 | 1.02 | 0.76 | 0.70 | 0.76 |
| 亮氨酸（%） | 1.27 | 1.01 | 1.07 | 1.02 | 0.98 | 10.2 |
| 异亮氨酸（%） | 0.71 | 0.59 | 0.60 | 0.72 | 0.66 | 0.72 |
| 苯丙氨酸（%） | 0.64 | 0.53 | 0.54 | 0.58 | 0.52 | 0.58 |
| 苯丙氨酸+酪氨酸（%） | 1.18 | 0.98 | 1.00 | 1.08 | 1.06 | 1.08 |
| 苏氨酸（%） | 0.66 | 0.55 | 0.62 | 0.55 | 0.50 | 0.55 |
| 缬氨酸（%） | 0.73 | 0.60 | 0.62 | 0.59 | 0.54 | 0.59 |
| 组氨酸（%） | 0.31 | 0.26 | 0.27 | 0.25 | 0.23 | 0.25 |
| 甘氨酸+丝氨酸（%） | 0.82 | 0.68 | 0.71 | 0.57 | 0.48 | 0.57 |
| 维生素 A/（国际单位/千克） | 4000 | 4000 | 4000 | 8000 | 8000 | 10000 |

（续）

| 营养指标 | 生长蛋鸡 | | | 产蛋鸡 | | 种鸡 |
|---|---|---|---|---|---|---|
| | 0~8 周龄 | 9~18 周龄 | 19 周龄~ 开产 | 开产~ 高峰期（产蛋率 ≥85%） | 高峰后（产蛋率 <85%） | |
| 维生素 D/（国际单位/ 千克） | 800 | 800 | 800 | 1600 | 1600 | 2000 |
| 维生素 E/（国际单位/ 千克） | 10 | 8 | 8 | 5 | 5 | 10 |
| 维生素 K/（毫克/千克） | 0.5 | 0.5 | 0.5 | 0.5 | 0.5 | 1.0 |
| 维生素 $B_1$/（毫克/千克） | 1.8 | 1.3 | 1.3 | 0.8 | 0.8 | 0.8 |
| 维生素 $B_2$/（毫克/千克） | 3.6 | 1.8 | 2.2 | 2.5 | 2.5 | 3.8 |
| 泛酸/（毫克/千克） | 10.0 | 10.0 | 10.0 | 2.2 | 2.2 | 10.0 |
| 烟酸/（毫克/千克） | 30 | 11 | 11 | 20 | 20 | 30 |
| 吡哆醇/（毫克/千克） | 3.0 | 3.0 | 3.0 | 3.0 | 3.0 | 4.5 |
| 生物素/（毫克/千克） | 0.15 | 0.10 | 0.10 | 0.10 | 0.10 | 0.15 |
| 胆碱/（毫克/千克） | 1300 | 900 | 500 | 500 | 500 | 500 |
| 叶酸/（毫克/千克） | 0.55 | 0.25 | 0.25 | 0.25 | 0.25 | 0.35 |
| 维生素 $B_{12}$/（毫克/千克） | 0.010 | 0.003 | 0.004 | 0.004 | 0.004 | 0.004 |
| 亚油酸（%） | 1 | 1 | 1 | 1 | 1 | 1 |
| 铜/（毫克/千克） | 8 | 6 | 8 | 8 | 8 | 6 |
| 碘/（毫克/千克） | 0.35 | 0.35 | 0.35 | 0.35 | 0.35 | 0.35 |
| 铁/（毫克/千克） | 80 | 60 | 60 | 60 | 60 | 60 |
| 锰/（毫克/千克） | 60 | 40 | 60 | 60 | 60 | 60 |
| 锌/（毫克/千克） | 60 | 40 | 80 | 80 | 80 | 60 |
| 硒/（毫克/千克） | 0.30 | 0.30 | 0.30 | 0.30 | 0.30 | 0.30 |

**表 2-2　白壳蛋品系和褐壳蛋品系后备母鸡的饲养标准**

| 营养指标 | 白壳蛋品系 | | | | 褐壳蛋品系 | | | |
|---|---|---|---|---|---|---|---|---|
| | 0~6 周龄 | 7~10 周龄 | 11~16 周龄 | 17~18 周龄 | 0~5 周龄 | 6~10 周龄 | 11~14/ 15 周龄 | 15/16~ 17 周龄 |
| 代谢能/(兆焦/千克) | 12.12 | 12.12 | 11.91 | 11.91 | 12.12 | 11.91 | 11.70 | 11.70 |
| 粗蛋白质（%） | 20.0 | 18.5 | 16.0 | 16.0 | 20.0 | 18.0 | 15.5 | 16.0 |
| 钙（%） | 1.0 | 0.95 | 0.92 | 2.25 | 1.0 | 0.95 | 0.90 | 2.25 |
| 非植酸磷（%） | 0.45 | 0.42 | 0.40 | 0.42 | 0.45 | 0.42 | 0.38 | 0.42 |
| 钠（%） | 0.17 | 0.17 | 0.17 | 0.17 | 0.17 | 0.17 | 0.17 | 0.17 |
| 蛋氨酸（%） | 0.45 | 0.42 | 0.39 | 0.37 | 0.45 | 0.41 | 0.35 | 0.34 |
| 蛋氨酸+胱氨酸（%） | 0.78 | 0.72 | 0.65 | 0.64 | 0.78 | 0.71 | 0.63 | 0.51 |
| 赖氨酸（%） | 1.10 | 0.90 | 0.80 | 0.77 | 1.10 | 0.90 | 0.75 | 0.73 |
| 苏氨酸（%） | 0.72 | 0.70 | 0.60 | 0.58 | 0.72 | 0.68 | 0.60 | 0.57 |
| 色氨酸（%） | 0.20 | 0.13 | 0.16 | 0.15 | 0.20 | 0.18 | 0.16 | 0.15 |
| 精氨酸（%） | 1.15 | 0.95 | 0.86 | 0.80 | 1.15 | 0.95 | 0.86 | 0.80 |
| 缬氨酸（%） | 0.75 | 0.70 | 0.60 | 0.60 | 0.75 | 0.70 | 0.65 | 0.60 |
| 亮氨酸（%） | 1.30 | 1.10 | 0.92 | 0.88 | 1.30 | 1.10 | 0.92 | 0.88 |
| 异亮氨酸（%） | 0.70 | 0.60 | 0.51 | 0.48 | 0.70 | 0.60 | 0.51 | 0.46 |
| 组氨酸（%） | 0.35 | 0.32 | 0.29 | 0.25 | 0.35 | 0.32 | 0.27 | 0.24 |
| 苯丙氨酸（%） | 0.65 | 0.60 | 0.53 | 0.49 | 0.65 | 0.60 | 0.50 | 0.46 |
| 锰/(毫克/千克) | 60 | 60 | 60 | 60 | 60 | 60 | 60 | 60 |
| 铁/(毫克/千克) | 30 | 30 | 30 | 30 | 30 | 30 | 30 | 30 |
| 铜/(毫克/千克) | 6 | 6 | 6 | 6 | 6 | 6 | 6 | 6 |
| 锌/(毫克/千克) | 60 | 60 | 60 | 60 | 60 | 60 | 60 | 60 |
| 碘/(毫克/千克) | 0.5 | 0.5 | 0.5 | 0.5 | 0.5 | 0.5 | 0.5 | 0.5 |
| 硒/(毫克/千克) | 0.3 | 0.3 | 0.3 | 0.3 | 0.3 | 0.3 | 0.3 | 0.3 |

（续）

| 营养指标 | 白壳蛋品系 | | | | 褐壳蛋品系 | | | |
|---|---|---|---|---|---|---|---|---|
| | 0~6<br>周龄 | 7~10<br>周龄 | 11~16<br>周龄 | 17~18<br>周龄 | 0~5<br>周龄 | 6~10<br>周龄 | 11~14/<br>15周龄 | 15/16~<br>17周龄 |
| 维生素 A/（国际单<br>位/千克） | 8000 | 8000 | 8000 | 8000 | 8000 | 8000 | 8000 | 8000 |
| 维生素 $D_3$/（国际<br>单位/千克） | 2500 | 2500 | 2500 | 2500 | 2500 | 2500 | 2500 | 2500 |
| 维生素 E/（国际单<br>位/千克） | 50 | 50 | 50 | 50 | 50 | 50 | 50 | 50 |
| 维生素 $K_3$/（国际<br>单位/千克） | 3 | 3 | 3 | 3 | 3 | 3 | 3 | 3 |
| 维生素 $B_1$/（毫克/<br>千克） | 2 | 2 | 2 | 2 | 2 | 2 | 2 | 2 |
| 维生素 $B_2$/（毫克/<br>千克） | 5 | 5 | 5 | 5 | 5 | 5 | 5 | 5 |
| 吡哆醇/（毫克/千克） | 4 | 4 | 4 | 4 | 4 | 4 | 4 | 4 |
| 泛酸/（毫克/千克） | 12 | 12 | 12 | 12 | 12 | 12 | 12 | 12 |
| 烟酸/（毫克/千克） | 40 | 40 | 40 | 40 | 40 | 40 | 40 | 40 |
| 维生素 $B_{12}$/（毫克/<br>千克） | 0.012 | 0.012 | 0.012 | 0.012 | 0.012 | 0.012 | 0.012 | 0.012 |
| 氯化胆碱/（毫克/<br>千克） | 500 | 500 | 500 | 500 | 500 | 500 | 500 | 500 |
| 生物素/（毫克/千克） | 0.1 | 0.1 | 0.1 | 0.1 | 0.1 | 0.1 | 0.1 | 0.1 |
| 叶酸/（毫克/千克） | 0.75 | 0.75 | 0.75 | 0.75 | 0.75 | 0.75 | 0.75 | 0.75 |

（2）不同品系后备母鸡的特定饲养标准　不同品系后备母鸡的
饲养标准见表 2-3～表 2-6。

### 表 2-3 白壳蛋品系后备母鸡的饲养标准

| 品种 | 周龄 | 蛋白质（%） | 代谢能/（兆焦/千克） | 钙（%） | 有效磷（%） | 钠（%） | 亚油酸（%） | 蛋氨酸（%） | 蛋氨酸+胱氨酸（%） | 赖氨酸（%） | 色氨酸（%） | 苏氨酸（%） |
|---|---|---|---|---|---|---|---|---|---|---|---|---|
| 雪弗 | 0~6 | 19.5 | 12.12 | 1.00 | 0.47 | 0.16 | 1.2 | 0.42 | 0.73 | 0.95 | 0.20 | 0.68 |
| | 7~12 | 17.5 | 11.70 | 0.95 | 0.47 | 0.16 | 1.0 | 0.38 | 0.66 | 0.86 | 0.18 | 0.62 |
| | 13~17 | 16.5 | 11.50 | 1.15 | 0.45 | 0.16 | 1.0 | 0.36 | 0.63 | 0.81 | 0.16 | 0.58 |
| 海兰 | 0~6 | 20.0 | 12.37 | 1.00 | 0.50 | 0.19 | 1.0 | 0.48 | 0.80 | 1.10 | 0.20 | 0.75 |
| | 7~8 | 18.0 | 12.65 | 1.00 | 0.47 | 0.18 | 1.0 | 0.44 | 0.73 | 0.90 | 0.18 | 0.70 |
| | 9~15 | 16.0 | 12.85 | 1.00 | 0.45 | 0.17 | 1.0 | 0.40 | 0.65 | 0.75 | 0.16 | 0.60 |
| | 16~19 | 15.5 | 12.70 | 2.75 | 0.40 | 0.18 | 1.0 | 0.36 | 0.60 | 0.75 | 0.15 | 0.55 |
| 罗曼 | 0~3 | 21.0 | 12.12 | 1.05 | 0.48 | 0.16 | 1.4 | 0.48 | 0.83 | 1.20 | 0.23 | 0.8 |
| | 4~8 | 19.0 | 11.70 | 1.03 | 0.46 | 0.16 | 1.44 | 0.39 | 0.69 | 1.03 | 0.22 | 0.72 |
| | 9~16 | 14.9 | 11.70 | 0.92 | 0.38 | 0.16 | 1.03 | 0.33 | 0.58 | 0.67 | 0.16 | 0.51 |
| | 17~18 | 18.0 | 11.70 | 2.05 | 0.46 | 0.16 | 1.03 | 0.37 | 0.70 | 0.87 | 0.21 | 0.62 |
| 宝万斯 | 0~6 | 20.0 | 12.46 | 1.00 | 0.50 | 0.04 | 1.30 | 0.45 | 0.80 | 1.00 | 0.23 | 0.75 |
| | 7~10 | 18.0 | 12.41 | 1.00 | 0.48 | 0.17 | 1.30 | 0.40 | 0.72 | 1.00 | 0.19 | 0.70 |
| | 11~15 | 16.0 | 12.37 | 1.00 | 0.45 | 0.18 | 1.30 | 0.36 | 0.65 | 0.88 | 0.17 | 0.60 |
| | 16~17 | 15.0 | 12.25 | 2.25 | 0.46 | 0.18 | 1.20 | 0.36 | 0.63 | 0.80 | 0.16 | 0.55 |

### 表 2-4 白壳蛋品系后备母鸡的维生素和微量元素需要量

| 营养指标 | 雪弗 | 海兰 | 罗曼 | 宝万斯 |
|---|---|---|---|---|
| 维生素 A/（国际单位/千克） | 12000 | 8000 | 12000 | 8000 |
| 维生素 $D_3$/（国际单位/千克） | 2500 | 3300 | 2000 | 2500 |
| 维生素 E/（国际单位/千克） | 30 | 66 | 20 | 10 |
| 维生素 $K_3$/（国际单位/千克） | 3.0 | 5.5 | 3.0 | 3.0 |
| 维生素 $B_1$/（毫克/千克） | 2.5 | 0 | 1.0 | 1.0 |
| 维生素 $B_2$/（毫克/千克） | 7.0 | 4.4 | 4.0 | 5.0 |

（续）

| 营养指标 | 雪弗 | 海兰 | 罗曼 | 宝万斯 |
|---|---|---|---|---|
| 泛酸/(毫克/千克) | 12.0 | 5.5 | 8.0 | 7.5 |
| 烟酸/(毫克/千克) | 40 | 28 | 30 | 30 |
| 吡哆醇/(毫克/千克) | 5 | 0 | 3 | 2 |
| 生物素/(毫克/千克) | 0.200 | 0.055 | 0.050 | 0.100 |
| 叶酸/(毫克/千克) | 1.00 | 0.22 | 1.00 | 0.30 |
| 维生素 $B_{12}$/(毫克/千克) | 0.030 | 0.0088 | 0.015 | 0.012 |
| 胆碱/(毫克/千克) | 1000 | 275 | 200 | 300 |
| 铁/(毫克/千克) | 80 | 33 | 25 | 35 |
| 铜/(毫克/千克) | 10.0 | 4.4 | 5.0 | 7.0 |
| 锰/(毫克/千克) | 66 | 66 | 100 | 70 |
| 锌/(毫克/千克) | 70 | 66 | 60 | 70 |
| 碘/(毫克/千克) | 0.4 | 0.9 | 0 | 1.0 |
| 硒/(毫克/千克) | 0.30 | 0.30 | 0.20 | 0.25 |

**表 2-5　褐壳蛋品系后备母鸡的饲养标准**

| 品种 | 周龄 | 蛋白质(%) | 代谢能/(兆焦/千克) | 钙(%) | 有效磷(%) | 钠(%) | 亚油酸(%) | 蛋氨酸(%) | 蛋氨酸+胱氨酸(%) | 赖氨酸(%) | 色氨酸(%) | 苏氨酸(%) |
|---|---|---|---|---|---|---|---|---|---|---|---|---|
| 雪弗 | 0~4 | 20.5 | 12.33 | 1.07 | 0.47 | 0.16 | | 0.52 | 0.86 | 1.16 | 0.21 | 0.78 |
| | 5~10 | 19.0 | 11.91 | 1.00 | 0.42 | 0.16 | | 0.45 | 0.76 | 0.98 | 0.19 | 0.66 |
| | 11~15 | 16.0 | 11.50 | 0.95 | 0.36 | 0.16 | | 0.33 | 0.60 | 0.74 | 0.16 | 0.50 |
| | 16~17 | 17.0 | 11.50 | 2.05 | 0.45 | 0.16 | | 0.36 | 0.65 | 0.80 | 0.17 | 0.54 |
| 伊莎 | 0~4 | 20.5 | 12.33 | 1.07 | 0.47 | 0.16 | | 0.52 | 0.86 | 1.16 | 0.21 | 0.78 |
| | 5~10 | 20.0 | 11.91 | 1.00 | 0.44 | 0.17 | | 0.47 | 0.80 | 1.03 | 0.20 | 0.69 |
| | 11~15 | 16.8 | 11.50 | 1.00 | 0.38 | 0.16 | | 0.35 | 0.63 | 0.78 | 0.17 | 0.53 |
| | 16~17 | 17.0 | 11.50 | 2.05 | 0.45 | 0.16 | | 0.36 | 0.65 | 0.80 | 0.17 | 0.54 |

（续）

| 品种 | 周龄 | 蛋白质（%） | 代谢能/（兆焦/千克） | 钙（%） | 有效磷（%） | 钠（%） | 亚油酸（%） | 蛋氨酸（%） | 蛋氨酸+胱氨酸（%） | 赖氨酸（%） | 色氨酸（%） | 苏氨酸（%） |
|---|---|---|---|---|---|---|---|---|---|---|---|---|
| 海兰 | 0~6 | 19.0 | 12.00 | 1.00 | 0.48 | 0.18 | 1.0 | 0.43 | 0.80 | 1.10 | 0.20 | 0.75 |
| | 7~9 | 16.0 | 12.08 | 1.00 | 0.46 | 0.18 | 1.0 | 0.44 | 0.70 | 0.90 | 0.18 | 0.70 |
| | 10~16 | 15.0 | 11.83 | 1.00 | 0.44 | 0.16 | 1.0 | 0.39 | 0.60 | 0.70 | 0.15 | 0.60 |
| | 17~18 | 16.5 | 11.75 | 2.75 | 0.44 | 0.19 | 1.0 | 0.35 | 0.60 | 0.75 | 0.17 | 0.55 |
| 宝万斯 | 0~6 | 20.0 | 12.46 | 1.00 | 0.50 | 0.18 | 1.3 | 0.45 | 0.80 | 1.10 | 0.21 | 0.75 |
| | 7~10 | 18.0 | 12.41 | 1.00 | 0.50 | 0.17 | 1.3 | 0.40 | 0.72 | 1.00 | 0.19 | 0.70 |
| | 11~15 | 15.5 | 12.37 | 1.00 | 0.45 | 0.17 | 1.2 | 0.35 | 0.63 | 0.85 | 0.17 | 0.60 |
| | 16~17 | 14.8 | 12.25 | 2.25 | 0.46 | 0.18 | 1.2 | 0.35 | 0.63 | 0.80 | 0.16 | 0.55 |
| 罗曼 | 0~8 | 18.5 | 11.60 | 1.00 | 0.45 | 0.16 | 1.4 | 0.38 | 0.67 | 0.80 | 0.21 | 0.70 |
| | 9~16 | 14.5 | 11.60 | 0.90 | 0.37 | 0.16 | 1.0 | 0.33 | 0.57 | 0.65 | 0.16 | 0.50 |
| | 17~18 | 17.5 | 11.30 | 2.00 | 0.45 | 0.16 | 1.0 | 0.36 | 0.68 | 0.85 | 0.20 | 0.60 |

**表 2-6　褐壳蛋品系后备母鸡的维生素和微量元素需要量**

| 营养指标 | 雪弗 | 伊莎 | 海兰 | 罗曼 | 宝万斯 |
|---|---|---|---|---|---|
| 维生素 A/（国际单位/千克） | 13000 | 13000 | 8800 | 12000 | 8000 |
| 维生素 $D_3$/（国际单位/千克） | 3000 | 3000 | 3300 | 2000 | 2500 |
| 维生素 E/（国际单位/千克） | 25 | 25 | 66 | 10~30 | 10 |
| 维生素 $K_3$/（国际单位/千克） | 2.0 | 2.0 | 5.5 | 3.0 | 3.0 |
| 维生素 $B_1$/（毫克/千克） | 2 | 2 | 0 | 1 | 1 |
| 维生素 $B_2$/（毫克/千克） | 5.0 | 5.0 | 4.4 | 6.0 | 5.0 |
| 泛酸/（毫克/千克） | 15.0 | 15.0 | 5.5 | 8.0 | 7.5 |
| 烟酸/（毫克/千克） | 60 | 60 | 28 | 30 | 30 |
| 吡哆醇/（毫克/千克） | 5 | 5 | 0 | 3 | 2 |
| 生物素/（微克/千克） | 200 | 200 | 55 | 50 | 100 |

（续）

| 营养指标 | 雪弗 | 伊莎 | 海兰 | 罗曼 | 宝万斯 |
|---|---|---|---|---|---|
| 叶酸/（毫克/千克） | 0.75 | 0.75 | 0.22 | 1.00 | 0.50 |
| 维生素 $B_{12}$/（微克/千克） | 20.0 | 20.0 | 8.8 | 15.0 | 12.0 |
| 胆碱/（毫克/千克） | 600 | 600 | 275 | 300 | 300 |
| 铁/（毫克/千克） | 60 | 60 | 33 | 25 | 35 |
| 铜/（毫克/千克） | 5.0 | 5.0 | 4.4 | 5.0 | 7.0 |
| 锰/（毫克/千克） | 60 | 60 | 66 | 100 | 70 |
| 锌/（毫克/千克） | 60 | 60 | 66 | 60 | 70 |
| 碘/（毫克/千克） | 1.0 | 1.0 | 0.9 | 0.5 | 1.0 |
| 硒/（毫克/千克） | 0.20 | 0.20 | 0.30 | 0.20 | 0.25 |

（3）蛋鸡产蛋期饲养标准　蛋鸡产蛋期的饲养标准见表2-7。

表2-7　蛋鸡产蛋期的饲养标准

| 周龄 | 18~32 周龄 | | 33~46 周龄 | | 47~60 周龄 | | 61~70 周龄 | |
|---|---|---|---|---|---|---|---|---|
| 每只每天的采食量 | 80 克 | 95 克 | 95 克 | 100 克 | 100 克 | 105 克 | 105 克 | 110 克 |
| 代谢能/（兆焦/千克） | 11.12 | 11.12 | 12.02 | 12.02 | 11.91 | 11.91 | 11.71 | 11.71 |
| 粗蛋白质（%） | 20.0 | 19.0 | 19.0 | 18.0 | 17.5 | 16.5 | 16.0 | 15.0 |
| 钙（%） | 4.5 | 4.0 | 4.4 | 4.2 | 4.5 | 4.3 | 4.6 | 4.4 |
| 非植酸磷（%） | 0.50 | 0.48 | 0.43 | 0.40 | 0.38 | 0.36 | 0.33 | 0.31 |
| 钠（%） | 0.18 | 0.17 | 0.17 | 0.16 | 0.16 | 0.15 | 0.16 | 0.16 |
| 亚油酸（%） | 1.8 | 1.7 | 1.6 | 1.4 | 1.3 | 1.2 | 1.2 | 1.1 |
| 蛋氨酸（%） | 0.45 | 0.43 | 0.41 | 0.39 | 0.39 | 0.37 | 0.34 | 0.32 |
| 蛋氨酸+胱氨酸（%） | 0.75 | 0.71 | 0.70 | 0.67 | 0.67 | 0.64 | 0.60 | 0.57 |
| 赖氨酸（%） | 0.86 | 0.82 | 0.80 | 0.75 | 0.78 | 0.74 | 0.73 | 0.69 |
| 苏氨酸（%） | 0.69 | 0.66 | 0.64 | 0.61 | 0.60 | 0.57 | 0.55 | 0.52 |
| 色氨酸（%） | 0.18 | 0.17 | 0.17 | 0.16 | 0.16 | 0.15 | 0.15 | 0.14 |

（续）

| 周龄 | 18~32 周龄 | | 33~46 周龄 | | 47~60 周龄 | | 61~70 周龄 | |
|---|---|---|---|---|---|---|---|---|
| 每只每天的采食量 | 80 克 | 95 克 | 95 克 | 100 克 | 100 克 | 105 克 | 105 克 | 110 克 |
| 精氨酸（%） | 0.88 | 0.84 | 0.82 | 0.78 | 0.77 | 0.73 | 0.74 | 0.70 |
| 缬氨酸（%） | 0.77 | 0.73 | 0.72 | 0.68 | 0.67 | 0.64 | 0.63 | 0.60 |
| 亮氨酸（%） | 0.53 | 0.50 | 0.48 | 0.46 | 0.43 | 0.41 | 0.40 | 0.38 |
| 异亮氨酸（%） | 0.68 | 0.65 | 0.63 | 0.60 | 0.58 | 0.55 | 0.53 | 0.50 |
| 组氨酸（%） | 0.17 | 0.16 | 0.15 | 0.14 | 0.13 | 0.12 | 0.12 | 0.11 |
| 苯丙氨酸（%） | 0.52 | 0.49 | 0.48 | 0.46 | 0.44 | 0.42 | 0.41 | 0.39 |
| 锰/（毫克/千克） | 60 | 60 | 60 | 60 | 60 | 60 | 60 | 60 |
| 铁/（毫克/千克） | 30 | 30 | 30 | 30 | 30 | 30 | 30 | 30 |
| 铜/（毫克/千克） | 5 | 5 | 5 | 5 | 5 | 5 | 5 | 5 |
| 锌/（毫克/千克） | 50 | 50 | 50 | 50 | 50 | 50 | 50 | 50 |
| 碘/（毫克/千克） | 1 | 1 | 1 | 1 | 1 | 1 | 1 | 1 |
| 硒/（毫克/千克） | 0.3 | 0.3 | 0.3 | 0.3 | 0.3 | 0.3 | 0.3 | 0.3 |
| 维生素 A/（国际单位/千克） | 8000 | 8000 | 8000 | 8000 | 8000 | 8000 | 8000 | 8000 |
| 维生素 $D_3$/（国际单位/千克） | 3500 | 3500 | 3500 | 3500 | 3500 | 3500 | 3500 | 3500 |
| 维生素 E/（国际单位/千克） | 50 | 50 | 50 | 50 | 50 | 50 | 50 | 50 |
| 维生素 $K_3$/（国际单位/千克） | 3 | 3 | 3 | 3 | 3 | 3 | 3 | 3 |
| 维生素 $B_1$/（毫克/千克） | 2 | 2 | 2 | 2 | 2 | 2 | 2 | 2 |
| 维生素 $B_2$/（毫克/千克） | 5 | 5 | 5 | 5 | 5 | 5 | 5 | 5 |
| 吡哆醇/（毫克/千克） | 3 | 3 | 3 | 3 | 3 | 3 | 3 | 3 |
| 泛酸/（毫克/千克） | 10 | 10 | 10 | 10 | 10 | 10 | 10 | 10 |
| 烟酸/（毫克/千克） | 40 | 40 | 40 | 40 | 40 | 40 | 40 | 40 |

（续）

| 周龄 | 18~32 周龄 | | 33~46 周龄 | | 47~60 周龄 | | 61~70 周龄 | |
|---|---|---|---|---|---|---|---|---|
| 每只每天的采食量 | 80 克 | 95 克 | 95 克 | 100 克 | 100 克 | 105 克 | 105 克 | 110 克 |
| 维生素 $B_{12}$/（微克/千克） | 10 | 10 | 10 | 10 | 10 | 10 | 10 | 10 |
| 氯化胆碱/（毫克/千克） | 400 | 400 | 400 | 400 | 400 | 400 | 400 | 400 |
| 生物素/（微克/千克） | 100 | 100 | 100 | 100 | 100 | 100 | 100 | 100 |
| 叶酸/（毫克/千克） | 1 | 1 | 1 | 1 | 1 | 1 | 1 | 1 |

### 3. 其他蛋鸡的饲养标准

（1）乌骨鸡的饲养标准　乌骨鸡的饲养标准见表2-8。

表 2-8　乌骨鸡的饲养标准

| 营养指标 | 雏鸡（0~60 日龄） | 育成鸡（61~150 日龄） | 种鸡（产蛋率≥30%） | 种鸡（产蛋率<30%） |
|---|---|---|---|---|
| 代谢能/（兆焦/千克） | 11.91 | 10.66~10.87 | 12.28 | 10.87 |
| 粗蛋白质（%） | 19 | 14~15 | 16 | 15 |
| 钙（%） | 0.80 | 0.60 | 3.20 | 3.00 |
| 有效磷（%） | 0.50 | 0.40 | 0.50 | 0.50 |
| 食盐（%） | 0.35 | 0.35 | 0.35 | 0.35 |
| 赖氨酸（%） | 0.32 | 0.25 | 0.30 | 0.25 |
| 蛋氨酸（%） | 0.80 | 0.50 | 0.60 | 0.50 |
| 锰/（毫克/千克） | 50.00 | 25.00 | 30.00 | |
| 锌/（毫克/千克） | 40.00 | 30.00 | 50.00 | |
| 铜/（毫克/千克） | 4.00 | 3.00 | 4.00 | |
| 铁/（毫克/千克） | 80.00 | 40.00 | 80.00 | |
| 碘/（毫克/千克） | 0.35 | 0.35 | 0.35 | |
| 硒/（毫克/千克） | 0.10 | 0.10 | 0.10 | |
| 维生素 A/（国际单位/千克） | 1500 | 1500 | 4000 | |

（续）

| 营养指标 | 雏鸡<br>（0~60日龄） | 育成鸡<br>（61~150日龄） | 种鸡<br>（产蛋率≥30%） | 种鸡<br>（产蛋率<30%） |
|---|---|---|---|---|
| 维生素 D₃/（国际单位/千克） | 200 | 200 | 500 | |
| 维生素 E/（国际单位/千克） | 10.00 | 5.00 | 5.00 | |
| 维生素 K₃/（国际单位/千克） | 0.50 | 0.50 | 0.50 | |
| 维生素 B₁/（毫克/千克） | 1.80 | 1.30 | 0.80 | |
| 维生素 B₂/（毫克/千克） | 3.60 | 1.80 | 3.80 | |
| 泛酸/（毫克/千克） | 10.00 | 10.00 | 10.00 | |
| 烟酸/（毫克/千克） | 27.00 | 11.00 | 10.00 | |
| 氯化胆碱/（毫克/千克） | 1300 | 500 | 500 | |
| 叶酸/（毫克/千克） | 0.55 | 0.25 | 0.35 | |
| 维生素 B₆/（毫克/千克） | 3.00 | 3.00 | 4.50 | |
| 维生素 B₁₂/（毫克/千克） | 0.009 | 0.003 | 0.003 | |
| 生物素/（毫克/千克） | 0.15 | 0.10 | 0.15 | |

（2）蛋土鸡的饲养标准　蛋土鸡的饲养标准见表2-9。

表2-9　蛋土鸡的饲养标准

| 营养指标 | 后备鸡 | | | 产蛋鸡及种鸡 | | |
|---|---|---|---|---|---|---|
| | 0~6<br>周龄 | 7~14<br>周龄 | 15~20<br>周龄 | 产蛋率<br>>80% | 产蛋率为<br>65%~80% | 产蛋率<br><65% |
| 代谢能/（兆焦/千克） | 11.92 | 11.72 | 11.30 | 11.50 | 11.50 | 11.50 |
| 粗蛋白质（%） | 18.00 | 16.00 | 12.00 | 16.50 | 15.00 | 15.00 |
| 钙（%） | 0.80 | 0.70 | 0.60 | 3.50 | 3.40 | 3.40 |
| 总磷（%） | 0.70 | 0.60 | 0.50 | 0.60 | 0.60 | 0.60 |
| 有效磷（%） | 0.40 | 0.35 | 0.30 | 0.33 | 0.32 | 0.30 |

（续）

| 营养指标 | 后备鸡 | | | 产蛋鸡及种鸡 | | |
|---|---|---|---|---|---|---|
| | 0~6<br>周龄 | 7~14<br>周龄 | 15~20<br>周龄 | 产蛋率<br>>80% | 产蛋率为<br>65%~80% | 产蛋率<br><65% |
| 赖氨酸（%） | 0.85 | 0.64 | 0.45 | 0.73 | 0.66 | 0.62 |
| 蛋氨酸（%） | 0.30 | 0.27 | 0.20 | 0.36 | 0.33 | 0.31 |
| 色氨酸（%） | 0.17 | 0.15 | 0.11 | 0.16 | 0.14 | 0.14 |
| 精氨酸（%） | 1.00 | 0.89 | 0.67 | 0.77 | 0.70 | 0.66 |
| 维生素 A/（国际单位/千克） | 1500.00 | 1500.00 | | 4000.00 | | 4000.00 |
| 维生素 D/（国际单位/千克） | 200.00 | 200.00 | | 500.00 | | 500.00 |
| 维生素 E/（国际单位/千克） | 10.00 | 5.00 | | 5.00 | | 10.00 |
| 维生素 K/（国际单位/千克） | 0.50 | 0.50 | | 0.50 | | 0.50 |
| 维生素 $B_1$/（毫克/千克） | 1.80 | 1.30 | | 0.80 | | 0.80 |
| 维生素 $B_2$/（毫克/千克） | 3.60 | 1.80 | | 2.20 | | 3.80 |
| 泛酸/（毫克/千克） | 10.00 | 10.00 | | 2.20 | | 10.00 |
| 烟酸/（毫克/千克） | 27.00 | 11.00 | | 10.00 | | 10.00 |
| 吡哆醇/（毫克/千克） | 3.00 | 3.00 | | 3.00 | | 4.50 |
| 生物素/（毫克/千克） | 0.15 | 0.10 | | 0.10 | | 0.15 |
| 胆碱/（毫克/千克） | 1300.00 | 900.00 | | 500.00 | | 500.00 |
| 叶酸/（毫克/千克） | 0.55 | 0.25 | | 0.25 | | 0.35 |
| 维生素 $B_{12}$/（微克/千克） | 9.00 | 3.00 | | 4.00 | | 4.00 |
| 铜/（毫克/千克） | 8.00 | 6.00 | | 6.00 | | 8.00 |
| 铁/（毫克/千克） | 80.00 | 60.00 | | 50.00 | | 30.00 |
| 锰/（毫克/千克） | 60.00 | 30.00 | | 30.00 | | 60.00 |
| 锌/（毫克/千克） | 40.00 | 35.00 | | 50.00 | | 65.00 |
| 碘/（毫克/千克） | 0.35 | 0.35 | | 0.30 | | 0.30 |
| 硒/（毫克/千克） | 0.15 | 0.10 | | 0.10 | | 0.10 |

### 二、饲养标准的应用

蛋鸡的营养需要受到多种因素的影响，就决定了饲养标准的局限性，所以在生产中要根据实际情况合理地利用饲养标准，准确确定蛋鸡的营养需要，充分满足其需要，获得高产。应用饲养标准应注意如下问题。

#### 1. 不同类型、品种和生产性能的影响

蛋鸡的类型、品种不同，对营养需要就有差异，要注意选择适合的营养标准。同一品种的蛋鸡，不同生产性能对营养需要也不同，也要考虑饲养标准的不同。

#### 2. 环境温度对能量需要量的影响

蛋鸡对能量的需要量明显地受环境温度的影响，目前美国 NRC 饲养标准所提供的能量推荐量是 21.1℃（适宜温度）情况下的能量需要量。环境温度改变时，蛋鸡能量的需要量可用下面公式校正。

$$ME = W^{0.75}(723.14 - 8.15T) + 22.99\Delta W + 8.68EE$$

式中，ME 为代谢能（千焦/只·天）；$W^{0.75}$ 为代谢体重（千克/只）；$T$ 为环境温度（℃）；$\Delta W$ 为体重变化量（克/天）；EE 为产蛋量（克/天）。

【注意】

能量需要量与环境温度密切相关。环境温度升高时，蛋鸡能量需要量下降，降低采食量，为保证必需的蛋白质、氨基酸、矿物质及维生素等的需要，则应增加日粮中这些养分的浓度；反之，环境温度降低时，则应适当降低日粮中蛋白质、氨基酸、矿物质及维生素等养分的浓度，以免造成浪费。

#### 3. 能量与采食量

蛋鸡可以根据能量需要调节采食量，但这种调节和保持采食能量稳定的能力有一定限度。例如，低能量饲料含纤维多、体积大、适口性差，受到胃容积限制，就很难以采食量的增加来调节能量采食量。夏季，环境温度过高，蛋鸡的采食量大幅减少，也会影响能量摄入量。能量不足时，蛋白质就会脱氨供能，这样一方面浪费蛋白质，另

一方面会增加肝脏、肾脏的负担，造成肝脏、肾脏损害；蛋鸡采食高能量饲料时，往往有过量采食的现象。能量过多，就会在蛋鸡体内蓄积脂肪，影响产蛋性能发挥。饲料中能量的过高或过低都会影响采食量，影响其他养分的摄入量，所以在配合日粮时经常要根据采食量确定能量水平，并考虑蛋白能量比，保证蛋白质的适宜用量。

**4. 氨基酸的有效性及相互关系**

（1）**氨基酸的有效性**　饲料中的氨基酸不仅种类、数量不同，其有效性也有很大的差异。有效性是指饲料中氨基酸被蛋鸡利用的程度，利用程度越高，有效性越好，现在一般使用可利用氨基酸来表示。可利用氨基酸（或可消化氨基酸、有效氨基酸）是指饲料中可被蛋鸡消化吸收的氨基酸。不同的饲料原料，如用大豆粕和杂粕配成氨基酸含量完全相同的饲料，其饲养效果会有较大的差异，这就是可利用氨基酸数量不同引起的结果。在生产中，根据饲料的可利用氨基酸含量进行日粮配合，能够更好地满足蛋鸡对氨基酸的需要。

（2）**氨基酸的平衡性**　氨基酸的平衡性是指构成蛋白质的氨基酸之间保持一定的比例关系。必需氨基酸中任何一种氨基酸的不足都会影响蛋鸡体内蛋白质的合成，造成其他氨基酸的浪费。所以在蛋鸡的日粮中，除了保证各种必需氨基酸的含量外，还要注意各种氨基酸的比例搭配，这样才能既满足蛋鸡的营养需要，又减少蛋白质饲料的消耗。

（3）**氨基酸的相互关系**　有些氨基酸可以转换，当一种氨基酸含量不足时可用另一种来补充，如胱氨酸不足可用蛋氨酸补充，酪氨酸不足可用苯丙氨酸补充，但不能反向转换；而甘氨酸和丝氨酸在蛋鸡的日粮中可以互换使用；有些氨基酸之间还具有拮抗作用，如赖氨酸与精氨酸之间，亮氨酸、异亮氨酸与缬氨酸之间。这些情况都可能影响蛋白质和氨基酸的需要量。氨基酸之间的相互作用与它们的结构有关，如精氨酸和赖氨酸属碱性氨基酸，亮氨酸、异亮氨酸和缬氨酸同属脂肪族氨基酸，提高一组中一种或两种氨基酸在日粮中的水平，可能会增加对该组氨基酸中另一种氨基酸的需要量。在补充限制性氨基酸时，重要的是首先补充最缺乏的一种，然后补充第二位缺乏的限制性氨基酸。

### 5. 有效磷

在蛋鸡的胃肠道内没有植酸酶，不能利用植物饲料中的植酸磷。在计算饲料的可利用磷含量时，补充的磷和动物性饲料原料中的磷按100%计算，植物性饲料原料中的磷则按30%计算或用其非植酸磷的实测值。

**【注意】**

目前，在饲料生产中，由于测试条件的限制，不可能经常对使用的饲料原料中的养分进行测定，多以表中值或某次测定值作为配合饲料的依据。因此，在按照某个饲养标准进行配方计算时，要考虑"保险系数"（或称"余量"）。一般根据对饲料原料成分的掌握程度，确定5%~10%的保险系数，确保所配制的饲料能满足蛋鸡的营养需要量。

### 6. 考虑饲料原料的不同特点

配制饲料时不仅要考虑饲料原料的营养价值和价格高低，而且还要考虑其供应情况。应充分利用本地饲料原料资源。

蛋白能量比不同的配合饲料可使蛋鸡达到相同的生产性能，这在生产实践中有重要价值。当蛋白质饲料原料价格较高而能量饲料原料价格较低时，可降低蛋白能量比；当蛋白质饲料原料价格较低而能量饲料原料价格较高时，可提高蛋白能量比；当然其他营养指标需要做相应调整以保持营养平衡。我国的NY/T 33—2004《鸡饲养标准》中的能量偏低，就是考虑了我国饲料原料的特点。

**【注意】**

饲料原料营养成分的变化是导致配方失真的重要因素，设计饲料配方时尽量使用实测值，必要时可考虑因原料变异而需要的保险系数。饲料企业应建立饲料原料质量统计技术数据，为估测饲料原料的变化提供依据。

### 7. 控制纤维素的含量

虽然纤维素对保持蛋鸡消化机能有重要作用，但纤维素含量过高会填充消化道，限制蛋鸡对各种营养物质的有效摄取和消化吸收。所

以，蛋鸡饲料中纤维素的含量应控制在 2.5%~5%。

**8. 饲料加工和贮存过程的营养损失**

饲料加工过程常造成某些营养物质或某些添加剂损失，但也会提高某些营养物质的利用率。如制粒、挤压膨化可造成某些维生素损失，但会提高糖类、蛋白质等营养物质的总消化率。此外，饲料产品在贮存、运输中会造成营养物质的部分损失，这些都应在产品设计中加以考虑。

## 第二节 预混料的配制方法

预混料是各种添加剂和载体稀释剂的混合物，使用预混料可以提高配合饲料的全价性，降低生产成本。

【注意】

> 预混料是配合饲料的半成品，不能单独饲喂，必须与其他饲料原料配合后才能饲喂蛋鸡；容易发生化学变化和活性成分的损失。因而加工使用过程中应注意选择合适的载体和稀释剂，采取合适的加工贮存条件，并及时使用，以保证其使用效果；在配合饲料中一般占 0.5%~5%。

### 一、预混料的配制原则
预混料的配制原则见图 2-1。

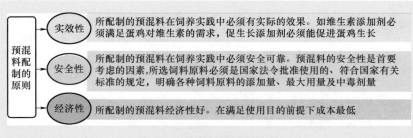

图 2-1 预混料的配制原则

## 二、预混料的配方设计方法

### 1. 维生素预混料配方设计

#### （1）维生素预混料配方设计方法

第一步：确定维生素预混料的品种和浓度。品种是指维生素预混料是通用型或专用型，是生产完全复合维生素预混料，还是部分复合维生素预混料。浓度就是预混料在配合饲料中的用量，一般是占全价配合饲料风干重的 $0.1\% \sim 1\%$。

第二步：确定预混料中要添加的维生素种类和数量。蛋鸡对维生素的需要量基本依据是饲养标准中的建议用量，通常为最低需要量。在生产实践中，常以最低需要量为基本依据，综合考虑蛋鸡品种、生产水平、环境条件、维生素制剂的效价与稳定性、加工贮存条件与时间、维生素制剂价格、蛋鸡产品质量、成本等因素来确定蛋鸡的最适需要量（表 2-10）。最适需要量是在供给的数量上能保证实现最好或较好的生产成绩（高产、优质、低耗）、良好的健康状况和抗病力及最好的经济效益。最适需要量=最低需要量+因素酌加量。

表 2-10  酌定各种维生素添加量应考虑的重要影响因素

| | |
|---|---|
| 维生素 A | 稳定性，维生素 A 源的转化率，日粮中亚硝酸盐、能量、脂肪和蛋白质水平，含脂肪饲料的类型 |
| 维生素 D | 受到日光照射的时间和强度，钙和磷的水平及两者的比例 |
| 维生素 E | 稳定性，维生素 E 的形式，抗氧化剂、拮抗物的存在，硒和不饱和脂肪酸在日粮中的水平 |
| 维生素 K | 微生物的合成，可利用性，拮抗物的存在，抗生素、磺胺类药物，应激 |
| 维生素 $B_1$ | 稳定性，日粮中碳水化合物和硫的水平，硫胺素酶的存在，药物，温度 |
| 维生素 $B_2$ | 稳定性，日粮中能量和蛋白质水平，抗生素、磺胺的存在，温度 |
| 烟酸 | 日粮中的可利用性，日粮中色氨酸水平，温度 |
| 维生素 $B_6$ | 日粮中能量和蛋白质水平，拮抗物（亚麻仁）、磺胺类药物 |

(续)

| 泛酸 | 稳定性，温度，抗生素、磺胺类药物 |
| 生物素 | 日粮中的可利用性，日粮中硫的水平，拮抗物 |
| 叶酸 | 拮抗物，抗生素、磺胺类药物 |
| 维生素 $B_{12}$ | 日粮中钴、蛋氨酸、叶酸及胆碱水平 |
| 胆碱 | 日粮中能量和蛋氨酸水平 |
| 维生素 C | 稳定性，应激 |

第三步：确定各种维生素的保险系数。为满足蛋鸡需要，在设计配方时往往在需要量的基础上再增加一定数量，即"保险系数"（表2-11）。

表 2-11　各种维生素产品的保险系数

| 名称 | 保险系数（%） | 名称 | 保险系数（%） | 名称 | 保险系数（%） |
|---|---|---|---|---|---|
| 维生素 A | 2~3 | 维生素 $B_1$ | 5~10 | 叶酸 | 10~15 |
| 维生素 D | 5~10 | 维生素 $B_2$ | 2~5 | 烟酸 | 1~3 |
| 维生素 E | 1~2 | 维生素 $B_6$ | 5~10 | 泛酸钙 | 2~5 |
| 维生素 $K_3$ | 5~10 | 维生素 $B_{12}$ | 5~10 | 维生素 C | 5~10 |

第四步：确定维生素的最终添加量，添加量＝需要量+保险系数。

第五步：确定各种维生素原料及用量。

第六步：确定预混料中各种维生素原料、载体的用量。

第七步：对所设计的配方进行复核，并对其进行较详细的注释。

（2）维生素预混料配方设计举例

【例1】　设计0.2%的罗曼白壳蛋用雏鸡维生素预混料配方。

1）根据饲养标准，考虑各种维生素添加量的重要影响因素先拟定一个添加量，加上保险系数后计算出一个合适的最终添加量。见表2-12。

表 2-12　罗曼白壳蛋用雏鸡维生素预混料配方设计和计算一

（维生素预混料用量占全价配合饲料干重 0.2%）

| 原料 | 饲养标准 | 拟定添加量 | 保险系数（%） | 最终添加量 |
|---|---|---|---|---|
| 维生素 A | 12000 国际单位/千克 | 15000 国际单位/千克 | 3 | 15300 国际单位/千克 |
| 维生素 $D_3$ | 2000 国际单位/千克 | 2200 国际单位/千克 | 7 | 2350 国际单位/千克 |
| 维生素 E | 20 国际单位/千克 | 25 国际单位/千克 | 2 | 25.5 国际单位/千克 |
| 维生素 $K_3$ | 0.5 毫克/千克 | 0.6 毫克/千克 | 7 | 0.64 毫克/千克 |
| 维生素 $B_1$ | 1 毫克/千克 | 1.5 毫克/千克 | 7 | 1.6 毫克/千克 |
| 维生素 $B_2$ | 4 毫克/千克 | 5.0 毫克/千克 | 5 | 5.25 毫克/千克 |
| 吡哆醇 | 3 毫克/千克 | 4 毫克/千克 | 6 | 4.24 毫克/千克 |
| 维生素 $B_{12}$ | 0.015 毫克/千克 | 0.02 毫克/千克 | 6 | 0.021 毫克/千克 |
| 泛酸钙 | 8 毫克/千克 | 15 毫克/千克 | 3 | 15.45 毫克/千克 |
| 烟酸 | 30 毫克/千克 | 35 毫克/千克 | 2 | 35.7 毫克/千克 |
| 叶酸 | 1 毫克/千克 | 1.2 毫克/千克 | 8 | 1.3 毫克/千克 |

2）确定维生素原料及用量，然后计算在预混料中各种维生素原料、载体及抗氧化剂（为减少维生素氧化，预混料中要添加一定量的抗氧化剂）的用量（表 2-13）。各种维生素原料在预混料中用量与预混料占全价配合饲料的干重比有关，其计算公式：预混料中维生素原料用量（毫克/千克）＝维生素原料用量（毫克/千克）÷预混料占全价配合饲料干重百分比。载体用量（千克）＝1000（千克）-预混料中维生素原料用量（千克）-抗氧化剂用量（千克）。

（3）复合维生素预混料的正确使用　在使用前要弄清其有效含量和具体用法，一定要按使用说明书上规定的操作方法把产品添加到饲料中。一般是先与少量饲料拌匀，将添加剂至少稀释 100 倍后，才能混入全部饲料，以保证混合均匀有效。使用时注意如下几个方面：

**表 2-13　罗曼白壳蛋用雏鸡维生素预混料配方设计和计算二**

（维生素预混料用量占全价配合饲料干重 0.2%）

| 原料 | 原料规格 | 原料用量/<br>（毫克/千克） | 预混料中用量/<br>（毫克/千克） | 预混料中用量/<br>（千克/吨） |
|---|---|---|---|---|
| 维生素 A | 50 万国际单位/克 | 30.6 | 15300 | 15.3 |
| 维生素 $D_3$ | 30 万国际单位/克 | 7.83 | 3915 | 3.915 |
| 维生素 E | 50% | 51 | 25500 | 25.5 |
| 维生素 $K_3$ | 95% | 0.67 | 335 | 0.335 |
| 维生素 $B_1$ | 98% | 1.633 | 816.5 | 0.817 |
| 维生素 $B_2$ | 98% | 5.357 | 2678.5 | 2.679 |
| 吡哆醇 | 83% | 5.108 | 2554 | 2.554 |
| 维生素 $B_{12}$ | 1% | 2.1 | 1050 | 1.050 |
| 泛酸钙 | 98% | 15.765 | 7882.5 | 7.883 |
| 烟酸 | 100% | 35.7 | 17850 | 17.85 |
| 叶酸 | 98% | 1.327 | 663.3 | 0.663 |
| 抗氧化剂 | | | 150 | 0.15 |
| 载体<br>（小麦麸） | | | 921305.2 | 921.304 |
| 合计 | | | 1000000 | 1000 |

1）选择使用时要有针对性。配制预混料时，如果生产条件和技术力量好，应选择纯晶状或药用级脂溶性维生素制剂；如果生产条件和技术力量差，应选择经过包被处理的制剂；如果配制液体饲料或宠物罐头饲料，则应选择可溶性制剂。

2）使用前预处理。脂溶性维生素添加剂产品在开封后应尽快用完，制粒、膨化冷却后再喷涂在颗粒料表面能减少脂溶性维生素的损失（彩图 23）。使用维生素添加剂要事先用少量玉米粉等载体预混，然后再逐级扩大混匀。充分混匀能显著降低蛋鸡发病率。

3）添加剂间相互作用。饲料添加剂间存在协同作用与拮抗作用，当把有协同作用诸成分配合在一起使用，其功效能大于各自功效的总和，事半功倍；反之则会使其功效小于各自功效，甚至无效和产生毒副作用。脂溶性维生素对大部分矿物质不稳定；在潮湿或含水量较高的条件下，脂溶性维生素对各种因素的稳定性均降低；维生素 K 若与氧化物或碳酸盐微量元素配合，贮存中的损失率可达 92%。

4）维生素拮抗物。自然界中有多种物质可阻止或限制某些维生素被蛋鸡利用，这样的物质就是维生素拮抗物。维生素拮抗物存在于某些植物中及一些动物制品中。有些常规用于商品蛋鸡的药物也具维生素拮抗物的特性。一些霉菌和细菌在其代谢活动中产生一些对维生素有拮抗作用的物质，这些微生物可存在于蛋鸡养殖的周围环境中。

现已知的拮抗物对维生素的拮抗机制如下：一是分解酶的分子，使其失去活性，如硫胺素酶可使硫胺素（维生素 $B_1$）灭活。二是与酶形成络合物，如抗生物素蛋白可使得生物素灭活。三是占据作用位点，如双香豆素可占据维生素 K 的作用位点，使维生素 K 无法发挥作用。四是阻止维生素在蛋鸡肠道中的吸收。

配合饲料中常添加有油脂。饲料中含高水平不饱和脂肪酸会增加油脂发生氧化的可能性，而油脂氧化会影响脂溶性维生素 A、维生素 D、维生素 E 的吸收。酸败的脂肪还可使生物素灭活。

5）注意保质期。维生素添加剂要避光保存于低温干燥的库房内。维生素在正常环境中保存时会由于氧化等作用而逐渐失效，市场上出售的复合维生素添加剂由于相互作用失效会更迅速。为避免维生素添加剂的自然损失和效价降低，一次最好别买多，现用现买。当然购买时要注意生产日期，别买到失效产品。对于有一定生产规模的饲料企业，最好自己生产维生素添加剂预混料，这就需要掌握各种单项维生素产品的规格和特性。

6）根据生产水平适当增加维生素含量。高生产力蛋鸡的维生素需要量变化很大，要根据生产水平和环境条件适当增加维生素添加量。

## 2. 微量元素预混料配方设计

### （1）微量元素预混料配方设计方法

第一步：确定微量元素的添加种类。一般以饲养标准中的营养需要量为基本依据，同时考虑某些微量元素地区性的缺乏或高含量和某些微量元素的特殊作用，如碘、硒的缺乏，高铜的促生长效果，不同蛋鸡品种、不同生理阶段对微量元素的种类要求不同。

第二步：确定微量元素的需要量。添加量=饲养标准中规定的需要量−基本日粮中的相应含量，若基础日粮中含量部分不计，则添加量=饲养标准中规定的需要量。此外，添加量的确定还应考虑以下因素：

1）各种微量元素的生物学效价。对微量元素添加剂原料的有效成分含量、利用率、有害杂质含量及细度都应该进行考虑，各种微量元素添加剂有害成分含量及卫生标准必须符合相关国家标准，此外，预混料中各微量元素的含量不应超过蛋鸡的最大耐受标准，以防止蛋鸡中毒情况的发生。

2）饲料中各种微量元素的需要量和最大安全量（最大用量）。见表2-14。

**表2-14　饲料中微量元素的需要量和最大安全量**

| 元素 | 需要量/（毫克/千克） | 最大安全量/（毫克/千克） |
|------|------|------|
| 铁 | 40~80 | 1000 |
| 铜 | 3~4 | 300 |
| 钴 | — | 20 |
| 碘 | 0.3~0.4 | 300 |
| 锰 | 40~60 | 1000 |
| 锌 | 50~60 | 1000 |
| 硒 | 0.1~0.2 | 4 |
| 钼 | <1 | 100 |

3）各种微量元素的相互干扰及合理比例。微量元素间存在着协

同和拮抗作用。例如，在配制蛋鸡的微量元素预混料时，需要使用大量的钙，但钙影响锌和锰的吸收，因而要增大锌和锰在配方中的用量；而锌、铜、锰影响铁的吸收，且锌、铜之间又相互拮抗；在高铜日粮中如果锌、铁缺乏，可引起中毒症状，如果同时提高锌、铁的添加量则不引起中毒；锌与铁、氟与碘、铜与钼有拮抗作用；铜与锌、锰也有拮抗作用。

第三步：选择适宜的原料并计算原料使用量。一般选用生物学价值高、稳定性好，且便于粉碎和混合，价格比较低廉的原料。并将所需微量元素折算成所选原料的量（表2-15）。

商品原料量＝某微量元素需要量÷纯品中该元素含量÷商品原料纯度

表2-15 常用矿物质饲料中的微量元素含量

| 微量元素 | 矿物质饲料 | 化学式 | 微量元素含量 |
|---|---|---|---|
| 钙 | 碳酸钙 | $CaCO_3$ | 钙：40% |
| | 石灰石粉 | | 钙：34%~38% |
| 钙、磷 | 煮骨粉 | | 磷：11%~12%；钙：24%~25% |
| | 蒸骨粉 | | 磷：13%~15%；钙：31%~32% |
| | 十二水磷酸氢二钠 | $Na_2HPO_4 \cdot 12H_2O$ | 磷：8.7%；钠：12.8% |
| | 五水亚磷酸氢二钠 | $Na_2HPO_3 \cdot 5H_2O$ | 磷：14.3%；钠：21.3% |
| | 十二水磷酸钠 | $Na_3PO_4 \cdot 12H_2O$ | 磷：8.2%；钠：12.1% |
| | 二水磷酸氢钙 | $CaHPO_4 \cdot 2H_2O$ | 磷：18.0%；钙：23.2% |
| | 磷酸钙 | $Ca_3(PO_4)_2$ | 磷：20.0%；钙：38.7% |
| | 磷酸二氢钙 | $Ca(H_2PO_4)_2 \cdot H_2O$ | 磷：24.6%；钙：15.9% |
| 钠、氯 | 氯化钠 | $NaCl$ | 钠：39%；氯：60.3% |
| 铁 | 七水硫酸亚铁 | $FeSO_4 \cdot 7H_2O$ | 铁：20.1% |
| | 一水碳酸亚铁 | $FeCO_3 \cdot H_2O$ | 铁：41.7% |
| | 碳酸亚铁 | $FeCO_3$ | 铁：48.2% |
| | 四水氯化亚铁 | $FeCl_2 \cdot 4H_2O$ | 铁：28.1% |
| | 六水氯化铁 | $FeCl_3 \cdot 6H_2O$ | 铁：20.7% |

（续）

| 微量元素 | 矿物质饲料 | 化学式 | 微量元素含量 |
|---|---|---|---|
| 硒 | 亚硒酸钠 | $Na_2SeO_3$ | 硒：45.7% |
| | 十水硒酸钠 | $Na_2SeO_3 \cdot 10H_2O$ | 硒：21.4% |
| 铜 | 五水硫酸铜 | $CuSO_4 \cdot 5H_2O$ | 铜：25.5% |
| | 一水碱式碳酸铜 | $CuCO_3 \cdot Cu(OH)_2 \cdot H_2O$ | 铜：53.2% |
| | 碱式碳酸铜 | $CuCO_3 \cdot Cu(OH)_2$ | 铜：57.5% |
| | 二水氯化铜（绿色） | $CuCl_2 \cdot 2H_2O$ | 铜：37.3% |
| | 氯化铜（白色） | $CuCl_2$ | 铜：64.2% |
| 锰 | 二水硫酸锰 | $MnSO_4 \cdot 2H_2O$ | 锰：22.8% |
| | 碳酸锰 | $MnCO_3$ | 锰：47.8% |
| | 氧化锰 | $MnO$ | 锰：77.4% |
| | 四水氯化锰 | $MnCl_2 \cdot 4H_2O$ | 锰：27.8% |
| 锌 | 碳酸锌 | $ZnCO_3$ | 锌：52.1% |
| | 七水硫酸锌 | $ZnSO_4 \cdot 7H_2O$ | 锌：22.7% |
| | 氧化锌 | $ZnO$ | 锌：80.3% |
| | 氯化锌 | $ZnCl_2$ | 锌：48% |
| 碘 | 碘化钾 | $KI$ | 碘：76.4% |

注：本表部分数据来源于 NY/T 33—2004《鸡饲养标准》。

　　第四步：确定微量元素预混料的浓度。浓度就是预混料在全价配合饲料中的用量。根据原料细度、混合设备条件、使用情况等因素确定预混料在全价配合饲料中的用量，一般选用的载体有碳酸钙、白陶土粉、沸石粉、硅藻土粉等。微量元素预混料的浓度一般占全价配合饲料的 0.5%~1%。

　　第五步：计算出载体的用量和各种商品微量元素原料的百分比。

（2）微量元素预混料配方设计举例

【例2】　设计罗曼褐壳蛋鸡产蛋期微量元素预混料配方。

1）查饲养标准，列出罗曼褐壳蛋鸡产蛋期微量元素需要量，见表2-16。

表 2-16　罗曼褐壳蛋鸡产蛋期微量元素需要量

| 所需微量元素的种类 | 铁 | 铜 | 锌 | 锰 | 碘 | 硒 |
|---|---|---|---|---|---|---|
| 需要量/（毫克/千克） | 25 | 5 | 60 | 100 | 0.5 | 0.2 |

2）计算所需微量元素的添加量。基础日粮中各种微量元素的含量作为保险系数，直接将需要量作为添加量。

3）选择适宜的微量元素添加剂原料，并将所需微量元素折合为市售商品原料量（表 2-17）。

表 2-17　将微量元素需要量折合为市售商品原料量

| 元素种类 | 铁 | 铜 | 锌 | 锰 | 碘 | 硒 |
|---|---|---|---|---|---|---|
| 需要量/（毫克/千克） | 25 | 5 | 60 | 100 | 0.5 | 0.2 |
| 添加原料 | 硫酸亚铁 | 硫酸铜 | 硫酸锌 | 硫酸锰 | 碘化钾 | 亚硒酸钠 |
| 纯品含量（%） | 20.1 | 25.5 | 22.7 | 22.8 | 76.4 | 45.7 |
| 商品所含纯度（%） | 98 | 98 | 98 | 98 | 98 | 98 |
| 商品原料量/（毫克/千克） | 126.92 | 20.01 | 269.71 | 447.55 | 0.67 | 0.45 |

注：商品原料量=需要量÷纯品含量÷商品所含纯度。计算示例：铁添加量=25毫克/千克÷20.1%÷98%=126.92毫克/千克。

4）确定预混料中各种原料的使用剂量。假定预混料浓度为1%，载体采用轻质碳酸钙，则计算出每吨预混料中所需要各种原料的使用量（表 2-18），即为罗曼褐壳蛋鸡产蛋期1%微量元素预混料配方。

表 2-18　罗曼褐壳蛋鸡产蛋期1%微量元素预混料配方

| 商品原料 | 使用量/毫克 | 占比（%） | 预混料中用量/（千克/吨） |
|---|---|---|---|
| 硫酸亚铁 | 126.92 | 1.2692 | 12.69 |
| 硫酸铜 | 20.01 | 0.2001 | 2.0 |
| 硫酸锌 | 269.71 | 2.6971 | 26.97 |
| 硫酸锰 | 447.55 | 4.4755 | 44.76 |

（续）

| 商品原料 | 使用量/毫克 | 占比（%） | 预混料中用量/（千克/吨） |
|---|---|---|---|
| 碘化钾 | 0.67 | 0.0067 | 0.067 |
| 亚硒酸钠 | 0.45 | 0.0045 | 0.045 |
| 轻质碳酸钙 | 9134.69 | 91.3469 | 913.47 |
| 合计 | 10000 | 100 | 1000 |

### 3. 复合预混料配方设计

**（1）复合预混料配方设计方法**

第一步：根据蛋鸡的不同品种、生理阶段及生产水平等因素查对应的饲养标准，确定各种微量组分的总含量。

第二步：查营养价值成分表，计算出基础日粮中各种微量组分的总含量。

第三步：计算所需微量组分的添加量。

第四步：确定预混料的添加比例。

第五步：选择适宜的载体，根据使用剂量，计算出所用载体量。

第六步：列出复合预混料的配方，并进行详细的注释，由主管技术人员签字确认。

**（2）复合预混料配方设计的注意事项**

1）防止和减少有效成分的损失，以保证预混料的稳定性和有效性。在选择预混料的原料时，宜选择经过稳定化处理的维生素原料；由于硫酸盐的吸收利用率一般较高，所以微量元素原料选择硫酸盐的形式，而且最好使用结晶水少的或经过烘干处理的原料；由于氯化胆碱会破坏其他维生素的活性，所以其用量应控制在20%以下，或单独添加；选择较好的抗氧化剂、抗结块剂及防霉剂等，一般抗氧化剂的添加量为0.015%~0.05%；在复合预混料中，可超量添加维生素。

2）氨基酸的添加。在商品蛋鸡预混料中多添加蛋氨酸和赖氨酸。作为饲料添加剂使用时，赖氨酸一般使用L-赖氨酸的盐酸盐，蛋氨酸使用DL-蛋氨酸（人工合成）。蛋鸡复合预混料中蛋氨酸的建议添加量为 80~120 克/千克，赖氨酸的建议添加量为 0~40 克/千克。

3）微量组分的稳定性及各种微量组分间的关系。预混料中各微量组分的性质是稳定的，但是维生素的稳定性受到含水量、酸碱度和矿物质等的影响。例如，饲料中含有磺胺类和抗生素时，维生素 K 的添加量将增加 2~4 倍；维生素 E 在机体内和硒具有相互协同作用，一定条件下，维生素 E 可以替代部分硒，硒则不能代替维生素 E。微量活性组分对蛋鸡的生长有很大影响，但自身相互间容易产生化学反应而影响其活性。所以在制作复合预混料时，应将微量元素预混料和维生素预混料单独包装备用，或加大载体和稀释剂的用量，同时严格控制预混料的含水量，最多不要超过 5%。

4）其他微量组分。应根据当地气候状况及原料情况，正确选用抗氧化剂和防霉剂。药物添加剂应选择兽用抗生素，并且根据所选用药物严格把握添加量，还要考虑抗药性及在蛋鸡体内的残留情况。

## 第三节　浓缩饲料的配制方法

浓缩饲料是由蛋白质饲料、部分矿物质饲料和饲料添加剂等按一定比例配制而成的均匀混合物。浓缩饲料必须与能量饲料、常量矿物质原料等合理搭配成全价配合饲料后才能饲喂蛋鸡。蛋鸡浓缩饲料配方的设计方法有两种：一种是由全价配合饲料配方推算出浓缩饲料配方；另一种是直接根据用量比例或浓缩饲料标准单独设计浓缩饲料配方。

### 一、由全价配合饲料配方推算浓缩饲料配方的方法

这是一种比较常见、直观且简单的方法，就是先行设计相应的全价配合饲料配方，再根据产品具体要求，去掉全部或部分能量饲料（也可能去掉部分蛋白质饲料或矿物质饲料），将剩余各原料重新计算百分比，即可得到浓缩饲料配方。在换算中应注意浓缩饲料和能量饲料的比例最好为整数，以方便使用。例如，浓缩饲料用量为 40%、30%、25%，则添加能量饲料等原料相应为 60%、70%、75%；也可

根据实际情况做相应调整。其设计步骤如下：

第一步：根据当地饲料原料情况和营养标准设计蛋鸡全价配合饲料配方。

第二步：确定浓缩饲料在全价配合饲料中的比例。即用100%减去全价配合饲料中能量饲料（或能量饲料+其他饲料）所占的百分数，这也是将来配制成的浓缩饲料的用量比。

第三步：用该比例分别除以浓缩饲料将使用的各种饲料原料占全价配合的比例，得到所要配制的浓缩饲料配方。

第四步：列出配方，并计算出浓缩饲料的营养水平。

【例3】 利用现已配制完成的蛋鸡高峰期（产蛋率≥85%）全价配合饲料配方，设计一个对应的蛋鸡浓缩饲料配方。

第一步：根据蛋鸡饲养标准及饲料原料标准，设计出全价配合饲料配方（表2-19）。

**表2-19　设计完成的全价配合饲料配方**

| 原料名称 | 比例 | 营养指标 | 营养水平 |
|---|---|---|---|
| 玉米（%） | 67.00 | 代谢能/（兆焦/千克） | 11.3 |
| 大豆粕（%） | 9.30 | 粗蛋白质（%） | 16.5 |
| 棉籽粕（%） | 5.10 | 钙（%） | 3.50 |
| 菜籽粕（%） | 2.00 | 非植酸磷（%） | 0.40 |
| 花生仁粕（%） | 1.90 | 钠（%） | 0.15 |
| 鱼粉（%） | 4.20 | 氯（%） | 0.19 |
| 磷酸氢钙（%） | 0.65 | 赖氨酸（%） | 0.76 |
| 石粉（%） | 8.53 | 蛋氨酸（%） | 0.42 |
| 食盐（%） | 0.21 | 总含硫氨基酸（%） | 0.65 |
| 1%预混料（%） | 1.00 | | |
| 蛋氨酸（%） | 0.11 | | |

第二步：确定配合饲料中浓缩饲料的配比。如果确定能量饲料占60%，则浓缩饲料的比例为40%。

第三步：计算浓缩饲料中各种原料的含量。见表 2-20。

表 2-20　浓缩饲料中各种原料的含量

| 原 料 名 称 | 浓缩饲料配比 |
|---|---|
| 玉米 | (67.0−60)%÷40%×100%＝17.5% |
| 大豆粕 | 9.30%÷40%×100%＝23.25% |
| 棉籽粕 | 5.10%÷40%×100%＝12.75% |
| 菜籽粕 | 2.00%÷40%×100%＝5.0% |
| 花生仁粕 | 1.90%÷40%×100%＝4.75% |
| 鱼粉 | 4.20%÷40%×100%＝10.5% |
| 磷酸氢钙 | 0.65%÷40%×100%＝1.625% |
| 石粉 | 8.53%÷40%×100%＝21.325% |
| 食盐 | 0.21%÷40%×100%＝0.525% |
| 1%预混料 | 1.00%÷40%×100%＝2.5% |
| 蛋氨酸 | 0.11%÷40%×100%＝0.275% |

第四步：列出浓缩饲料配方并标出使用方法。

浓缩饲料配方为：玉米 17.5%、大豆粕 23.25%、棉籽粕 12.75%、菜籽饼 5.0%、花生仁粕 4.75%、鱼粉 10.5%、磷酸氢钙 1.625%、石粉 21.325%、食盐 0.525%、1% 预混料 2.5%、蛋氨酸 0.275%。

使用方法：玉米 60%、浓缩饲料 40%（按上述建议比例配制）混合均匀后饲喂。

【例4】　利用【例3】中设计的全价配合饲料配方，设计一个添加能量饲料和石粉的蛋鸡浓缩饲料配方。

第一步：全价配合饲料配方见表 2-19。

第二步：确定配合饲料中浓缩饲料的比例。能量饲料为玉米，占 67%；石粉取整数部分，占 8%，合计 75%，则浓缩饲料比例为 (100%−75%)＝25%。

第三步：计算浓缩饲料配比中各种原料的含量。见表 2-21。

表 2-21　浓缩饲料中各种原料的含量

| 原 料 名 称 | 浓缩饲料配比 |
|---|---|
| 大豆粕 | 9.30%÷25%×100% = 37.2% |
| 棉籽粕 | 5.10%÷25%×100% = 20.4% |
| 菜籽粕 | 2.00%÷25%×100% = 8.0% |
| 花生仁粕 | 1.90%÷25%×100% = 7.6% |
| 鱼粉 | 4.20%÷25%×100% = 16.8% |
| 磷酸氢钙 | 0.65%÷25%×100% = 2.6% |
| 石粉 | 0.53%÷25%×100% = 2.12% |
| 食盐 | 0.21%÷25%×100% = 0.84% |
| 1%预混料 | 1.00%÷25%×100% = 4.0% |
| 蛋氨酸 | 0.11%÷25%×100% = 0.44 % |

第四步：列出浓缩饲料配方并标出使用方法。

浓缩饲料配方为：大豆粕 37.2%、棉籽粕 20.4%、菜籽粕 8.0%、花生仁粕7.6%、鱼粉16.8%、磷酸氢钙2.6%、石粉2.12%、食盐0.84%、1%预混料4.0%、蛋氨酸0.44%。

使用方法：玉米67%、石粉8%、浓缩饲料25%（按上述建议比例配制）混合均匀后饲喂蛋鸡。

## 二、直接计算浓缩饲料配方的方法

专门生产蛋鸡浓缩饲料的厂家，都有自己的浓缩饲料营养标准数据库，可以直接计算浓缩饲料配方，此种方法又包括以下两种情况。

### 1. 建立自己的浓缩饲料营养标准数据库

根据蛋白质、矿物质等饲料原料的供应情况和价格、相应市场常用能量饲料的种类和需求，以及生产经验等，生产厂家制定浓缩饲料的营养水平标准，建立自己的浓缩饲料营养标准数据库，与计算配合饲料配方方法一样，即在确定粗蛋白质、氨基酸、钙和磷等指标后，利用配方软件规划出最低成本的浓缩饲料配方。蛋鸡养殖户买到浓缩饲料后再根据厂家给出的不同配比建议进行应用或根据各营养成分的含量选择能量饲料的种类和配合数量。

这类浓缩饲料配方设计具有通用性，一般以蛋鸡生长某一阶段为标准，其他阶段与其相互配合，通过不同配比来接近蛋鸡不同阶段的营养需要。由于它的应用有一定局限性，在此不做进一步介绍。

**2. 根据养殖户需要确定能量饲料与浓缩饲料的比例**

根据养殖户所有的能量饲料种类和数量，厂家确定浓缩饲料与能量饲料的比例，结合蛋鸡饲养标准确定浓缩饲料各营养指标应达到的水平，最后计算浓缩饲料的配方。

【例5】 设计蛋鸡产蛋高峰后（产蛋率<85%）的浓缩饲料配方，说明其设计的方法和步骤。

第一步：确定能量饲料与浓缩饲料的比例。根据相应市场上能量饲料种类及其特点等制订出相应比例，或按养殖户要求和习惯设定比例，如确定玉米55%、高粱10%、小麦麸5%后，则浓缩饲料的比例为30%。

第二步：查高峰后蛋鸡的饲养标准，确定适宜的营养水平。饲养标准为：代谢能10.87兆焦/千克、粗蛋白质15.50%、钙3.50%、非植酸磷0.32%、钠0.15%、氯0.15%、赖氨酸0.70%、蛋氨酸0.32%、总含硫氨基酸0.56%。

第三步：计算能量饲料所能达到的营养水平，进一步计算出浓缩饲料应提供的营养含量（表2-22）。浓缩饲料的营养含量=（全价配合饲料营养标准-能量饲料的营养含量）÷浓缩饲料比例。

表2-22 能量饲料和浓缩饲料提供的营养含量

| | 能量饲料的营养含量 | 浓缩饲料的营养含量 |
|---|---|---|
| 代谢能/（兆焦/千克） | 9.03 | （10.87-9.03）÷30%=6.13 |
| 粗蛋白质（%） | 6.47 | （15.50-6.74）÷30%=29.20 |
| 钙（%） | 0.03 | （3.50-0.03）÷30%=11.57 |
| 非植酸磷（%） | 0.10 | （0.32-0.10）÷30%=0.73 |

（续）

|  | 能量饲料的营养含量 | 浓缩饲料的营养含量 |
|---|---|---|
| 钠（%） | 0.02 | (0.15-0.02) ÷30% = 0.43 |
| 氯（%） | 0.03 | (0.15-0.03) ÷30% = 0.40 |
| 赖氨酸（%） | 0.18 | (0.70-0.18) ÷30% = 1.73 |
| 蛋氨酸（%） | 0.12 | (0.32-0.12) ÷30% = 0.67 |
| 总含硫氨基酸（%） | 0.26 | (0.56-0.26) ÷30% = 1.00 |

第四步：选择浓缩饲料原料并确定其配比。因地制宜、因时制宜，根据来源、价格、营养价值等方面综合考虑并选择原料。各原料在浓缩饲料中所占比例，可采取接近全价配合饲料比例的设计方法，最好用计算机按最低成本原则优化。为了更好地控制质量，应有目的地设定相应原料的上下限。例如，在浓缩饲料中使棉籽饼不超过20%，使其在全价配合饲料中不超过 20%×30% = 6%。预混料的比例需固定，这里应用1%，在浓缩饲料中的固定比例则为 3.33%。

通过计算或计算机优化处理，浓缩饲料配方为：大豆粕11.33%、菜籽粕 12.00%、棉籽粕 10.67%、花生仁粕 8%、鱼粉17%、碳酸氢钙 1.27%、石粉 29.33%、食盐 0.67%、蛋氨酸 0.10%、棉籽蛋白 6.13%、大豆油 0.17%、蛋鸡预混料 3.33%。

使用方法：玉米 55%、高粱 10%、小麦 5%、浓缩饲料 30%（按照上述浓缩饲料配方配制），混合均匀即可饲喂蛋鸡。

【注意】

蛋鸡浓缩饲料在生产过程中已根据蛋鸡不同阶段的生长需要和饲料保质需要加入了各种添加剂，因而在使用时不需要再加入其他添加剂；将蛋鸡浓缩饲料与能量饲料进行混合时，无论是机械或人工混合，都必须充分搅拌均匀，以确保浓缩饲料在成品中的均匀分布（彩图24）；注意能量饲料原料质量和浓缩饲料的保存。

## 第四节　全价配合饲料的配制方法

### 一、全价配合饲料的配制原则

全价配合饲料的配制原则见图 2-2。

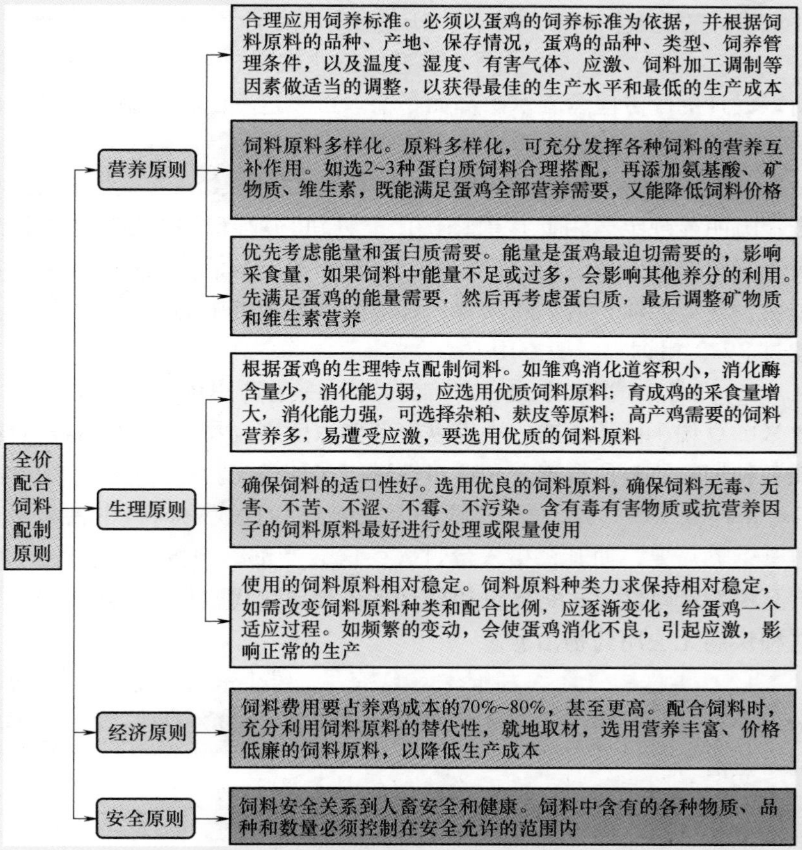

| | | 合理应用饲养标准。必须以蛋鸡的饲养标准为依据，并根据饲料原料的品种、产地、保存情况，蛋鸡的品种、类型、饲养管理条件，以及温度、湿度、有害气体、应激、饲料加工调制等因素做适当的调整，以获得最佳的生产水平和最低的生产成本 |
|---|---|---|
| | 营养原则 | 饲料原料多样化。原料多样化，可充分发挥各种饲料的营养互补作用。如选2~3种蛋白质饲料合理搭配，再添加氨基酸、矿物质、维生素，既能满足蛋鸡全部营养需要，又能降低饲料价格 |
| | | 优先考虑能量和蛋白质需要。能量是蛋鸡最迫切需要的，影响采食量，如果饲料中能量不足或过多，会影响其他养分的利用。先满足蛋鸡的能量需要，然后再考虑蛋白质，最后调整矿物质和维生素营养 |
| 全价配合饲料配制原则 | | 根据蛋鸡的生理特点配制饲料。如雏鸡消化道容积小，消化酶含量少，消化能力弱，应选用优质饲料原料；育成鸡的采食量增大，消化能力强，可选择杂粮、麸皮等原料；高产鸡需要的饲料营养多，易遭受应激，要选用优质的饲料原料 |
| | 生理原则 | 确保饲料的适口性好。选用优良的饲料原料，确保饲料无毒、无害、不苦、不涩、不霉、不污染。含有毒有害物质或抗营养因子的饲料原料最好进行处理或限量使用 |
| | | 使用的饲料原料相对稳定。饲料原料种类力求保持相对稳定，如需改变饲料原料种类和配合比例，应逐渐变化，给蛋鸡一个适应过程。如频繁的变动，会使蛋鸡消化不良，引起应激，影响正常的生产 |
| | 经济原则 | 饲料费用要占养鸡成本的70%~80%，甚至更高。配合饲料时，充分利用饲料原料的替代性，就地取材，选用营养丰富、价格低廉的饲料原料，以降低生产成本 |
| | 安全原则 | 饲料安全关系到人畜安全和健康。饲料中含有的各种物质、品种和数量必须控制在安全允许的范围内 |

图 2-2　全价配合饲料的配制原则

### 二、不同类型蛋鸡饲料配方设计的要点

#### 1. 蛋用雏鸡饲料配方设计要点

雏鸡和育成鸡的营养状况与以后的性成熟、产蛋率、蛋重及经济效益密切相关。育雏期（1~56 日龄）生长强度大，是生产性能的奠基时期，而此时蛋鸡的消化系统尚未发育完善，胃容积小且研磨饲料的能力很差，同时消化道内缺乏一些消化酶，所以消化能力差。因此，要求设计的配合饲料品质好、养分含量高、易消化、粗纤维含量低。

（1）营养水平高且平衡　雏鸡生长速度快，对营养缺乏很敏感，所以设计的配方应营养水平高而平衡。虽然这些因素在制定饲养标准时已有考虑，但设计配方时还需重视。

（2）饲料易消化且无毒素　易消化且无毒素，这一点在饲养标准上无明显规定。因此，棉籽饼、菜籽饼、亚麻（即胡麻）仁饼等有毒饲料原料，羽毛粉、皮革粉、蹄角粉等不易消化的饲料原料，以及粗饲料等大体积的饲料原料，都应限制在配方中的用量，一般不要超过 2%，粗饲料一般不用。

（3）选用优质饲料原料　雏鸡饲料一般选用优质饲料原料，如玉米、豆粕、优质鱼粉、小麦麸等营养浓度高且易消化的原料。可按照各种饲料原料所含养分和适口性进行多种搭配。

（4）注意钙的含量　实践中常见雏鸡和育成鸡饲料中钙含量超过其营养需要，使其钙摄入量过大，这会严重影响蛋鸡的生长发育，甚至影响产蛋性能；钙含量超标严重还会导致代谢紊乱甚至发病，而这种疾病无法用药物治愈。

（5）确保维生素 A 和维生素 D 充足　维生素 A 和维生素 D 等养分贮存充分，有利于雏鸡体格健康发育和羽毛被覆良好，可以获得较高产蛋潜力。

【提示】

雏鸡产蛋潜力不仅取决于饲料，而且还在很大程度上取决于光照、疾病防治措施和饲养管理措施。

### 2. 育成期蛋鸡饲料配方设计要点

育成期（9~18 周龄）蛋鸡生长迅速，发育旺盛，各器官发育已健全，对外界适应能力增强，采食量增多。配方设计上要注意以下几个方面。

（1）保证充足的维生素和微量元素供给　此时是蛋鸡骨骼和肌肉生长发育较快的时期，应喂给可增强骨骼、肌肉、内脏发育的饲料，为延长成年鸡的产蛋时间和提高产蛋率打下良好的基础。所以，应增加维生素和微量元素的供给量，增加青饲料、糠麸类和块根块茎类饲料的供给量。

（2）适量增加钙含量　此时蛋鸡采食量增加，生长速度减慢，且体内脂肪也随日龄的增加而逐渐积累，生殖系统发育也逐渐成熟。产蛋前期，蛋鸡体重增加 400~500 克。骨骼增重 15~20 克，其中 4~5 克为钙的沉积。大约从 16 周龄起小母鸡逐渐进入性成熟阶段，此时成熟卵细胞不断释放雌激素，雌激素和雄激素相互作用诱发髓骨在骨腔中的形成。尤其在开产前 14 天内，大量钙沉积到长骨中。因此应增加钙的摄入量，注意供给钙。髓骨约占性成熟小母鸡全部骨重的 72%，其生理功能是作为一种容易抽调的钙源，供母鸡产蛋时利用。蛋壳形成时约有 25% 的钙来自髓骨，其余 75% 由饲料提供。

（3）适当选用质量较差的饲料原料　育成期饲料中蛋白质含量应随体重增加而减少，但应保证氨基酸的供给和平衡，特别注意钙的供给；应控制采食量，控制生长，抑制性成熟，防止脂肪积累，使育成期的蛋鸡有良好体况并保持鸡群体重均匀。若喂给高蛋白质、高能量饲料，会使蛋鸡性成熟提前，脂肪积累太多，体重过大，产蛋量低、蛋重小并影响一生产蛋量，所以蛋鸡在育成期根据体重情况进行适当限制饲喂。如果育成期采用限制饲养，使蛋鸡体重降低 7%~11%，耗料减少 16%~18%，对死亡率和产蛋性能无不良影响。

**【小经验】**

在 9~18 周龄，在保证蛋鸡胫长和体重生长达到正常标准的前提下，尽量选择质量较差的饲料原料。这不仅可充分利用各种饲料资源，降低饲料成本，且可适当锻炼蛋鸡的消化能力，有利于此后产蛋；适当增加饲料体积以增加其消化道容积，降低能量含量以减少脂肪沉积，刺激生殖系统发育等。

**【注意】**

棉籽饼（粕）、菜籽饼（粕）、亚麻仁饼（粕）等有毒饲料原料，一般在育成期蛋鸡饲料配方中可用到 6%；羽毛粉、皮革粉等不易消化的原料可用到 3%；粗饲料等大体积饲料原料，都可在配方中用到最大允许用量。用石粉作为钙源可以降低饲料成本。

### 3. 开产前蛋鸡饲料配方设计要点

从开产前 2~3 周至开产后 1 周，蛋鸡体重增加 340~450 克，其后体重增加特别慢。研究表明，产蛋早期（开产后的头 2~3 个月）适当增加营养物质，特别是能量和蛋白质的摄入量，有利于育成期蛋鸡尽快达到产蛋高峰。能量摄入量与第一个蛋重的关系比蛋白质更重要，能量摄入量严重影响产蛋量。因此开产前 2~3 周到产蛋高峰这段时间的能量需要，对产蛋鸡一生的产蛋量至关重要。

在产蛋初期饲料中添加 1.5%~2.0%脂肪非常有效，不仅能提高饲料能量水平，而且能改善其适口性，提高采食量。饲料中蛋白质、氨基酸含量影响产蛋期的产蛋量和蛋重，但对产蛋初期的蛋重无明显影响。

**【小经验】**

在蛋鸡开产前将饲料中钙的浓度提高到 2%~3.5%，直到产蛋率达 5%时才开始逐渐换用高峰期蛋鸡饲料。

### 4. 开产后蛋鸡饲料配方设计要点

育成鸡开产后的 8~10 周，蛋鸡必须摄取足够的养分以使其产蛋率增加到 90% 左右，并且使体重增加 25%。产蛋高峰期蛋鸡新陈代谢旺盛，应增加投入，尽量给予品质优良的配合饲料，既要满足相应蛋鸡品种的饲养标准，使营养浓度高而平衡，又要易消化吸收，这是获得持续高产的关键。

产蛋期前 8～10 周的饲料要求：一是粗粉料，谷物含量高；二是添加 2.0%～2.5% 脂肪，至少含 2.0% 亚油酸；三是饲料代谢能不低于 11.6 兆焦/千克；四是粗蛋白质含量不高于 18%，含有足量氨基酸；五是最多含 3.5% 钙，且为粗颗粒钙。

### 三、全价配合饲料的配方设计方法

配制全价配合饲料前要设计配方，然后"照方抓药"。如果配方设计不合理，不管制作得多么精心，也生产不出合格的饲料。配方设计的方法很多，主要有试差法、对角线法、线性规划法、计算机法等。

#### 1. 试差法

所谓试差法就是根据经验和饲料原料营养含量，先大致确定一下各类饲料原料在日粮中所占的比例，然后通过计算确定与饲养标准的差额再进行调整，该方法简单易学。

（1）**手工计算法** 手工计算法复杂，工作量大。

【例6】 用玉米、大豆粕、棉籽粕、菜籽粕、食盐、蛋氨酸、赖氨酸、骨粉、石粉、维生素和微量元素预混料添加剂设计产蛋率大于或等于 85% 的褐壳蛋鸡全价配合饲料配方。

第一步：根据饲养对象、生理阶段和生产水平，选择饲养标准，见表 2-23。

表 2-23　褐壳蛋鸡的饲养标准

| 营养指标 | 代谢能/（兆焦/千克） | 粗蛋白质（%） | 钙（%） | 有效磷（%） | 蛋氨酸（%） | 赖氨酸（%） | 蛋氨酸+胱氨酸（%） | 食盐（%） |
|---|---|---|---|---|---|---|---|---|
| 含量 | 11.29 | 16.5 | 3.5 | 0.32 | 0.34 | 0.75 | 0.65 | 0.37 |

第二步：根据饲料原料成分表查出所用各种饲料的养分含量，见表 2-24。

表 2-24　各种饲料的养分含量

| 饲料名称 | 代谢能/（兆焦/千克） | 粗蛋白质（%） | 钙（%） | 有效磷（%） | 蛋氨酸（%） | 赖氨酸（%） | 胱氨酸（%） |
|---|---|---|---|---|---|---|---|
| 玉米 | 13.47 | 8.7 | 0.02 | 0.12 | 0.17 | 0.24 | 0.24 |
| 大豆粕 | 10 | 44.2 | 0.33 | 0.18 | 0.59 | 2.68 | 0.65 |
| 棉籽粕 | 9.04 | 36.3 | 0.21 | 0.28 | 0.40 | 1.4 | 0.7 |
| 菜籽粕 | 8.49 | 38.6 | 0.65 | 0.35 | 0.63 | 1.6 | 0.87 |
| 骨粉 | | | 36.4 | 16.4 | | | |
| 石粉 | | | 35.0 | | | | |

第三步：初拟配方。根据饲养经验，初步拟定一个配合比例，然后计算能量和蛋白质的含量。蛋鸡饲料中，能量饲料占 50%～70%，蛋白质饲料占 25%～30%，矿物质饲料占 3%～10%，添加剂饲料占 0～3%。根据各类饲料原料的比例和价格，初拟的配方和计算结果见表 2-25。

表 2-25　初拟配方及配方中能量、蛋白质的含量

| 原料种类 | 比例（%） | 代谢能/（兆焦/千克） | 粗蛋白质（%） |
|---|---|---|---|
| 玉米 | 64 | 8.621 | 5.568 |
| 大豆粕 | 22 | 2.2 | 9.724 |
| 棉籽粕 | 2 | 0.181 | 0.726 |
| 菜籽粕 | 2 | 0.170 | 0.772 |
| 合计 | 90 | 11.172 | 16.79 |
| 标准 | | 11.29 | 16.5 |

第四步：调整配方，使能量和蛋白质符合营养标准。由表 2-25 中可以算出能量比标准少 0.118 兆焦/千克，蛋白质多 0.29%。用能

量较高的玉米代替菜籽粕，每代替 1% 可以增加能量 0.050 ［（13.47-8.49）×1%］，减少蛋白质 0.299 ［（38.6-8.7）×1%］。1% 的玉米替代 1% 的菜籽粕后，能量为 11.222 兆焦/千克，蛋白质为 16.491%，蛋白质与标准接近，能量稍低。

第五步：计算矿物质和氨基酸的含量，见表 2-26。

表 2-26  矿物质和氨基酸的含量

| 原料种类 | 比例（%） | 钙（%） | 有效磷（%） | 蛋氨酸（%） | 赖氨酸（%） | 胱氨酸（%） |
|---|---|---|---|---|---|---|
| 玉米 | 65 | 0.013 | 0.078 | 0.111 | 0.156 | 0.156 |
| 大豆粕 | 22 | 0.073 | 0.04 | 0.13 | 0.59 | 0.143 |
| 棉籽粕 | 2 | 0.004 | 0.006 | 0.008 | 0.028 | 0.014 |
| 菜籽粕 | 1 | 0.007 | 0.004 | 0.006 | 0.016 | 0.009 |
| 合计 | 90 | 0.097 | 0.128 | 0.255 | 0.79 | 0.322 |
| 标准 | | 3.5 | 0.32 | 0.34 | 0.75 | 0.31 |

根据上述配方计算得知，饲料中钙比标准低 3.403%，磷低 0.192%。因骨粉中含有钙和磷，所以先用骨粉满足钙和磷。增加 0.192% 的磷需要添加骨粉 1.17% ［（0.192÷16.4%）］；1.17% 的骨粉可以提供 0.426% 的钙，饲料中还差 2.977% 的钙，用石粉来补充，需要添加石粉 8.5%。赖氨酸和胱氨酸含量高于标准，可以满足需要。蛋氨酸与标准差 0.34%-0.255% = 0.085%，添加 0.09% 蛋氨酸即可。维生素和微量元素预混料添加 0.25%，食盐添加 0.37%，则配方的总百分比是 100.38%，多出 0.38%，在玉米中减去即可。一般能量饲料调整不大于 1% 的情况下，饲料中的能量、蛋白质指标引起的变化不大，可以忽略。

第六步：列出配方和主要营养指标。

饲料配方：玉米 64.62%、大豆粕 22%、棉籽粕 2%、菜籽粕 1%、骨粉 1.17%、石粉 8.5%、食盐 0.37%、蛋氨酸 0.09%、维生素和微量元素预混料添加剂 0.25%，合计 100%。

营养指标：代谢能 11.171 兆焦/千克、粗蛋白质 16.458%、钙 3.5%、有效磷 0.32%、蛋氨酸+胱氨酸 0.65%、赖氨酸 0.79%。

（2）**Excel 表格计算法** 在 Excel 表格中输入所需原料与所占比例，调试后可快速得到合适的饲料配方，与烦琐的人工计算相比，节省了时间，并且更加精准。

【例7】 用玉米、小麦麸、全脂大豆、棉籽粕、菜籽粕、花生仁粕、磷酸氢钙、石粉、食盐、蛋氨酸、赖氨酸、预混料设计产蛋率大于或等于 85% 的褐壳蛋鸡全价配合饲料配方。

1）输入配制的饲料各个营养元素的标准值。在 Excel 表格前两行输入配制的饲料各种营养元素的标准值。查表 2-1 可知，褐壳蛋鸡（产蛋率大于或等于 85%）营养标准中代谢能为 11.29 兆焦/千克，粗蛋白质为 16.5%，钙为 3.5%，总磷为 0.6%，有效磷为 0.32%，赖氨酸为 0.75%，蛋氨酸为 0.34%，胱氨酸为 0.31%，输入 Excel 表格（图 2-3）。第三行为计算得到的配方结果。

| | A | B | C | D | E | F | G | H | I | J | K |
|---|---|---|---|---|---|---|---|---|---|---|---|
| 1 | 饲料标准 | | 代谢能/（兆焦/千克） | 粗蛋白质（%） | 钙（%） | 总磷（%） | 有效磷（%） | 赖氨酸（%） | 蛋氨酸（%） | 胱氨酸（%） | 价格 |
| 2 | | | 11.29 | 16.5 | 3.5 | 0.6 | 0.32 | 0.75 | 0.34 | 0.31 | |
| 3 | 配方结果 | | 0 | 0 | 0 | 0 | 0 | 0 | 0 | 0 | |

图 2-3 Excel 表格中配制饲料的各种营养元素的标准值

2）输入饲料原料的营养成分。根据本地区或本场的饲料原料情况，将需要的饲料原料及各种营养成分，以"饲料名称+与饲料标准对应的成分"的格式将其复制粘贴到 Excel 表格的第四行及以下行数中。注意要空出 B 列，以填写该原料在整体饲料配方中的所占比例（图 2-4）。

3）建立算法。分别在表格的 C3、D3、E3、F3、G3、H3、I3、J3 格中输入算法，即计算公式。

C3 中输入公式：=SUM（B5＊C5+B6＊C6+B7＊C7+B8＊C8+……+B20＊C20）/100。

| 饲料标准 | | 代谢能/(兆焦/千克) | 粗蛋白质(%) | 钙(%) | 总磷(%) | 有效磷(%) | 赖氨酸(%) | 蛋氨酸(%) | 胱氨酸(%) | 价格 |
|---|---|---|---|---|---|---|---|---|---|---|
| | | 11.29 | 16.5 | 3.5 | 0.6 | 0.32 | 0.75 | 0.34 | 0.31 | |
| 配方结果 | | 0 | 0 | 0 | 0 | 0 | 0 | 0 | 0 | |
| 饲料名称 | | 代谢能/(兆焦/千克) | 粗蛋白质(%) | 钙(%) | 总磷(%) | 有效磷(%) | 赖氨酸(%) | 蛋氨酸(%) | 胱氨酸(%) | |
| 玉米 | | 13.56 | 8.7 | 0.02 | 0.27 | 0.05 | 0.24 | 0.18 | 0.2 | |
| 大麦(裸) | | 11.21 | 13 | 0.04 | 0.39 | 0.12 | 0.44 | 0.14 | 0.25 | |
| 糙米 | | 14.06 | 8.8 | 0.03 | 0.35 | 0.13 | 0.32 | 0.2 | 0.14 | |
| 稻谷 | | 11 | 7.8 | 0.03 | 0.36 | 0.15 | 0.29 | 0.19 | 0.16 | |
| 次粉 | | 12.51 | 13.6 | 0.08 | 0.48 | 0.17 | 0.52 | 0.16 | 0.33 | |
| 小麦麸 | | 5.65 | 14.3 | 0.1 | 0.93 | 0.33 | 0.56 | 0.22 | 0.31 | |
| 全脂大豆 | | 15.69 | 35.5 | 0.32 | 0.4 | 0.1 | 2.2 | 0.53 | 0.57 | |
| 磷酸氢钙 | | 0 | 0 | 15.9 | 24.58 | 24.58 | 0 | 0 | 0 | |
| 石粉 | | 0 | 0 | 35.84 | 0 | 0 | 0 | 0 | 0 | |
| 棉籽粕 | | 8.49 | 43.5 | 0.28 | 1.04 | 0.26 | 1.97 | 0.58 | 0.68 | |
| 菜籽粕 | | 7.41 | 38.6 | 0.65 | 1.02 | 0.25 | 1.3 | 0.63 | 0.87 | |
| 酵母 | | 9.92 | 24.3 | 0.32 | 0.42 | 0.14 | 0.72 | 0.52 | 0.35 | |
| 花生仁粕 | | 10.88 | 47.8 | 0.27 | 0.56 | 0.17 | 1.4 | 0.41 | 0.4 | |
| 大豆粕 | | 10 | 44.2 | 0.33 | 0.62 | 0.16 | 2.68 | 0.59 | 0.65 | |
| 玉米蛋白粉 | | 14.27 | 56.3 | 0.04 | 0.44 | 0.15 | 0.92 | 1.14 | 0.76 | |
| 亚麻仁粕 | | 7.95 | 34.8 | 0.42 | 0.95 | 0.24 | 1.16 | 0.55 | 0.55 | |

图 2-4　各种饲料原料的主要营养成分

D3 中输入公式：=SUM（B5 * D5+B6 * D6+B7 * D7+B8 * D8+……+B20 * D20）/100。

E3 中输入公式：=SUM（B5 * E5+B6 * E6+B7 * E7+B8 * E8+……+B20 * E20）/100。

F3 中输入公式：=SUM（B5 * F5+B6 * F6+B7 * F7+B8 * F8+……+B20 * F20）/100。

G3 中输入公式：=SUM（B5 * G5+B6 * G6+B7 * G7+B8 * G8+……+B20 * G20）/100。

H3 中输入公式：=SUM（B5 * H5+B6 * H6+B7 * H7+B8 * H8+……+B20 * H20）/100。

I3 中输入公式：=SUM（B5 * I5+B6 * I6+B7 * I7+B8 * I8+……+B20 * I20）/100。

J3 中输入公式：=SUM（B5 * J5+B6 * J6+B7 * J7+B8 * J8+……+B20 * J20）/100。

C3 中输入公式见图 2-5，其他公式输入可参考 C3。

| | A | B | 代谢能(兆焦/千克) | 粗蛋白质(%) | 钙(%) | 总磷(%) | 有效磷 | 赖氨酸 | 蛋氨酸 | 胱氨酸(%) |
|---|---|---|---|---|---|---|---|---|---|---|
| 1 | 饲料标准 | | 11.29 | 16.5 | 3.5 | 0.6 | 0.32 | 0.75 | 0.34 | 0.31 |
| 3 | 配方结果 | | =SUM(B5*C5+B6*C6+B7*C7+B8*C8+B9*C9+B10*C10+B11*C11+B12*C12+B13*C13+B14*C14+B15*C15+B16*C16+B17*C17+B18*C18+B19*C19+B20*C20)/100 | | | | | | | |
| 4 | 饲料名称 | | | | | | | | | |
| 5 | 玉米 | | 13.56 | 8.7 | 0.02 | 0.27 | 0.05 | 0.24 | 0.18 | 0.2 |
| 6 | 大麦(裸) | | 11.21 | 13 | 0.04 | 0.39 | 0.12 | 0.44 | 0.14 | 0.25 |
| 7 | 糙米 | | 14.06 | 8.8 | 0.03 | 0.35 | 0.13 | 0.32 | 0.2 | 0.14 |
| 8 | 稻谷 | | 11 | 7.8 | 0.03 | 0.36 | 0.15 | 0.29 | 0.19 | 0.16 |
| 9 | 次粉 | | 12.51 | 13.6 | 0.08 | 0.48 | 0.17 | 0.52 | 0.16 | 0.33 |
| 10 | 小麦麸 | | 5.65 | 14.3 | 0.1 | 0.93 | 0.33 | 0.56 | 0.22 | 0.31 |
| 11 | 全脂大豆 | | 15.69 | 35.5 | 0.32 | 0.4 | 0.1 | 2.2 | 0.53 | 0.57 |

图 2-5　计算结果行的算法输入

4）配方设计和调整。确定饲料原料要预留预混合饲料、食盐、蛋氨酸、赖氨酸等所占的比例，一般为 1.5% 左右。将选择的饲料原料比例填入 B 列（图 2-6）。调整 B 列各种饲料原料的比例，使配方结果行的数值与营养元素标准值相符。

5）列出饲料配方。图 2-6 中，代谢能、粗蛋白质、钙、磷满足要求，需要添加赖氨酸 0.09%、蛋氨酸 0.1%（其中胱氨酸缺 0.02%，用蛋氨酸补充）、食盐 0.37%、预混料 1%，配方总比例为 99.98%，缺 0.02%，用玉米补充。

饲料配方为：玉米 57.44%、小麦麸 3.5%、全脂大豆 12%、棉籽粕 5%、菜籽粕 4%、花生仁粕 6.5%、磷酸氢钙 0.96%、石粉 9.04%、食盐 0.37%、蛋氨酸 0.1%、赖氨酸 0.09%、预混料 1%。

【注意】

第一，Excel 表格计算法可以先根据经验确定一个饲料原料比例，确定各种饲料原料的比例时要预留食盐、氨基酸和预混料所占比例，然后根据配方结果值对饲料原料比例进行调整。第二，先将能量、粗蛋白质、钙、磷调整至符合标准后，再添加人工合成的氨基酸，使配方达到要求。第三，Excel 表格计算法也可以用于浓缩饲料配方的设计，将各营养元素的标准值更换为浓缩饲料的标准值，浓缩饲料的标准值＝（全价料营养含量-非浓缩饲料的营养含量）÷浓缩饲料的比例，即可进行设计计算。

| | A | B | C | D | E | F | G | H | I | J |
|---|---|---|---|---|---|---|---|---|---|---|
| 1 | 饲料标准 | | 代谢能/(兆焦/千克) | 粗蛋白质(%) | 钙(%) | 总磷(%) | 有效磷(%) | 赖氨酸(%) | 蛋氨酸(%) | 胱氨酸(%) |
| 2 | | | 11.29 | 16.5 | 3.5 | 0.6 | 0.32 | 0.75 | 0.34 | 0.31 |
| 3 | 配方结果 | | 11.2948 | 16.58204 | 3.50351 | 0.600752 | 0.322278 | 0.662908 | 0.255506 | 0.28889 |
| 4 | 饲料名称 | | 代谢能/(兆焦/千克) | 粗蛋白质(%) | 钙(%) | 总磷(%) | 有效磷(%) | 赖氨酸(%) | 蛋氨酸(%) | 胱氨酸(%) |
| 5 | 玉米 | 57.42 | 13.56 | 8.7 | 0.02 | 0.27 | 0.05 | 0.24 | 0.18 | 0.2 |
| 6 | 大麦(裸) | | 11.21 | 13 | 0.04 | 0.39 | 0.12 | 0.44 | 0.14 | 0.25 |
| 7 | 糙米 | | 14.06 | 8.8 | 0.03 | 0.35 | 0.13 | 0.32 | 0.2 | 0.14 |
| 8 | 稻谷 | | 11 | 7.8 | 0.03 | 0.36 | 0.15 | 0.29 | 0.19 | 0.16 |
| 9 | 次粉 | | 12.51 | 13.6 | 0.08 | 0.48 | 0.17 | 0.52 | 0.16 | 0.33 |
| 10 | 小麦麸 | 3.5 | 5.65 | 14.3 | 0.1 | 0.93 | 0.33 | 0.56 | 0.22 | 0.31 |
| 11 | 全脂大豆 | 12 | 15.69 | 35.5 | 0.32 | 0.4 | 0.1 | 2.2 | 0.53 | 0.57 |
| 12 | 磷酸氢钙 | 0.96 | 0 | 0 | 15.9 | 24.58 | 24.58 | 0 | 0 | 0 |
| 13 | 石粉 | 9.04 | 0 | 0 | 35.84 | 0 | 0 | 0 | 0 | 0 |
| 14 | 棉籽粕 | 5 | 8.49 | 43.5 | 0.28 | 1.04 | 0.26 | 1.97 | 0.58 | 0.68 |
| 15 | 菜籽粕 | 4 | 7.41 | 38.6 | 0.65 | 1.02 | 0.25 | 1.3 | 0.63 | 0.87 |
| 16 | 酵母 | | 9.92 | 24.3 | 0.32 | 0.42 | 0.14 | 0.72 | 0.52 | 0.35 |
| 17 | 花生仁粕 | 6.5 | 10.88 | 47.8 | 0.27 | 0.56 | 0.17 | 1.4 | 0.41 | 0.4 |
| 18 | 大豆粕 | | 10 | 44.2 | 0.33 | 0.62 | 0.16 | 2.68 | 0.59 | 0.65 |
| 19 | 玉米蛋白粉 | | 14.27 | 56.3 | 0.04 | 0.44 | 0.15 | 0.92 | 1.14 | 0.76 |
| 20 | 亚麻仁粕 | | 7.95 | 34.8 | 0.42 | 0.95 | 0.24 | 1.16 | 0.55 | 0.55 |

图 2-6　配方设计和调整

## 2. 对角线法

对角线法也称方形法、四角形法，现举例说明。

【例8】　用玉米、大豆粕、菜籽粕、花生仁粕、小麦麸、鱼粉、槐叶粉、骨粉、石粉等原料设计0~8周龄雏鸡的饲料配方。

第一步：查阅1~8周龄雏鸡的饲养标准为：代谢能12.12兆焦/千克、粗蛋白质20%、钙1%、有效磷0.45%、食盐0.35%、赖氨酸1.0%、蛋氨酸0.45%。

第二步：列出所选用饲料原料及营养成分含量（理论值或实测值）（表2-27）。

表 2-27　饲料原料及营养成分含量表

| 饲料原料 | 代谢能/(兆焦/千克) | 粗蛋白质（%） | 钙（%） | 磷（%） |
|---|---|---|---|---|
| 玉米 | 14.045 | 8.60 | 0.04 | 0.06 |
| 大豆粕 | 10.283 | 44.74 | 0.32 | 0.19 |
| 菜籽粕 | 8.533 | 35.33 | 0.69 | 0.44 |
| 花生仁粕 | 8.063 | 43.75 | 0.19 | 0.14 |
| 小麦麸 | 6.562 | 14.40 | 0.18 | 0.23 |
| 鱼粉 | 12.17 | 64.00 | 3.91 | 2.90 |
| 槐叶粉 | 9.600 | 18.10 | 2.21 | 0.21 |
| 骨粉 |  |  | 30.0 | 14.5 |
| 石粉 |  |  | 35.0 |  |

　　第三步：因为价格、有毒物质及粗纤维含量等方面的因素，对一些饲料原料的用量应加以限制，如鱼粉为6%、菜籽粕为3%、槐叶粉为2%、花生仁粕为8%。饲料添加剂用量为1%，食盐为0.35%，保留1%的调整空间。

　　第四步：计算上述限定成分在饲料中的配比，及这些成分所提供的营养成分，得出饲料中剩余部分应有的营养成分含量（表2-28）。

表 2-28　剩余部分饲料应有的营养成分含量

| 饲料原料 | 配比（%） | 代谢能/(兆焦/千克) | 粗蛋白质（%） | 钙（%） | 磷（%） |
|---|---|---|---|---|---|
| 鱼粉 | 6 | 0.727 | 3.84 | 0.235 | 0.174 |
| 菜籽粕 | 3 | 0.256 | 1.06 | 0.021 | 0.013 |
| 槐叶粉 | 2 | 0.192 | 0.36 | 0.044 | 0.004 |
| 花生仁粕 | 8 | 0.645 | 3.50 | 0.015 | 0.011 |
| 添加剂 | 1 |  |  |  |  |
| 食盐 | 0.35 |  |  |  |  |
| 保留空间 | 1 |  |  |  |  |
| 合计 | 21.35 | 1.82 | 8.76 | 0.315 | 0.202 |
| 需要 | 100 | 12.12 | 20.0 | 1.0 | 0.45 |
| 缺额 | 78.65 | 10.3 | 11.24 | 0.685 | 0.248 |

第五步：缺额部分为 78.65%，应含代谢能 10.3 兆焦/千克、粗蛋白质 11.24%，将其折成 100%，则应含代谢能 13.096 兆焦/千克、粗蛋白质 14.29%。

先配成混合物一：含代谢能 13.096 兆焦/千克、粗蛋白质低于 14.29%。将两种饲料的代谢能置于正方形的左侧，所需要的浓度放在中间，将两者与中间值之差记在相应的对角线处，即得到两种饲料应占的比例（图 2-7）。

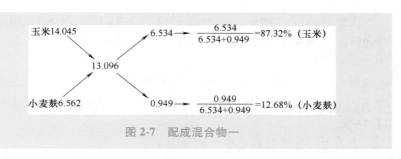

图 2-7　配成混合物一

其粗蛋白质为 8.6%×87.32%+14.4%×12.68% = 9.33%。

再配混合物二：含代谢能 13.096 兆焦/千克，粗蛋白质高于 14.29%（图 2-8）。

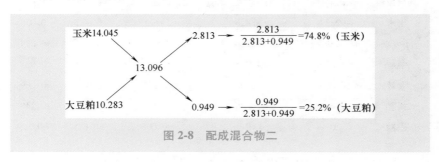

图 2-8　配成混合物二

粗蛋白质为 8.6%×74.8%+44.74%×25.2% = 17.7%。

用这两种混合物配成代谢能为 13.096 兆焦/千克、粗蛋白质为 14.29%的饲料（图 2-9）。

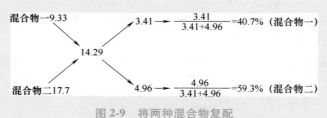

图 2-9　将两种混合物复配

在最后的混合物中，玉米占 87.32%×40.7%＋74.8%×59.3%＝79.9%；小麦麸占 12.68%×40.7%＝5.16%；大豆粕占 25.2%×59.3%＝14.94%。

那么，这三种饲料原料在配方中的配比：玉米 79.9%×78.65%＝62.84%；小麦麸 5.16%×78.65%＝4.06%；大豆粕 14.94%×78.65%＝11.75%。

第六步：计算营养成分差额（表 2-29）。

表 2-29　主要组分的营养成分含量及差额

| 饲料原料 | 配比（%） | 代谢能/（兆焦/千克） | 粗蛋白质（%） | 钙（%） | 磷（%） |
|---|---|---|---|---|---|
| 玉米 | 62.84 | 8.826 | 5.404 | 0.025 | 0.038 |
| 小麦麸 | 4.06 | 0.266 | 0.585 | 0.007 | 0.009 |
| 大豆粕 | 11.75 | 1.208 | 5.256 | 0.038 | 0.022 |
| 合计 | 78.65 | 10.30 | 11.245 | 0.070 | 0.069 |
| 需要 | 78.65 | 10.30 | 11.24 | 0.685 | 0.248 |
| 差额 | 0 | 0 | ＋0.005 | −0.615 | −0.179 |

第七步：用骨粉解决磷不足的问题，即为 0.179%÷14.5%＝1.24%，饲料中加入 1.24% 骨粉可满足磷的需要；同时也补充了 30%×1.24%＝0.372% 的钙。

第八步：应用石粉解决钙的不足问题。钙尚缺 0.615%−0.372%＝0.243%，则需添加石粉 0.243%÷35%＝0.69%。

第九步：初步完成饲料配方。总量超过或不足 100% 时调整小麦麸或玉米用量（表 2-30）。

表 2-30　所得饲料配方及养分含量

| 饲料 | 配比（%） | 代谢能/（兆焦/千克） | 粗蛋白质（%） | 钙（%） | 磷（%） |
|---|---|---|---|---|---|
| 玉米 | 62.84 | 8.826 | 5.404 | 0.025 | 0.038 |
| 大豆粕 | 11.75 | 1.208 | 5.257 | 0.038 | 0.022 |
| 小麦麸 | 3.13 | 0.205 | 0.451 | 0.006 | 0.007 |
| 花生仁粕 | 8 | 0.645 | 3.50 | 0.015 | 0.011 |
| 菜籽粕 | 3 | 0.256 | 1.06 | 0.021 | 0.013 |
| 鱼粉 | 6 | 0.727 | 3.84 | 0.235 | 0.174 |
| 槐叶粉 | 2 | 0.192 | 0.36 | 0.044 | 0.004 |
| 骨粉 | 1.24 | | | 0.372 | 0.180 |
| 石粉 | 0.69 | | | 0.243 | |
| 食盐 | 0.35 | | | | |
| 添加剂 | 1 | | | | |
| 合计 | 100 | 12.059 | 19.87 | 0.999 | 0.449 |

第十步：计算出赖氨酸、蛋氨酸的添加量。首先计算各种饲料原料中所含赖氨酸、蛋氨酸的总含量为：赖氨酸 0.91%、蛋氨酸 0.28%。根据饲养标准，需要补充商品赖氨酸 0.09%、蛋氨酸 0.17%。总量超出 0.26%，可以在玉米中减去，到此饲料配方全部完成。

第十一步：列出配方和主要营养指标。

饲料配方：玉米 62.58%、大豆粕 11.75%、小麦麸 3.13%、鱼粉 6%、花生仁粕 8%、菜籽粕 3%、槐叶粉 2%、骨粉 1.24%、石粉 0.69%、食盐 0.35%、赖氨酸 0.09%、蛋氨酸 0.17%、维生素和微量元素添加剂 1%，合计 100%。

主要营养指标：代谢能 12.06 兆焦/千克、粗蛋白质 19.87%、钙 1.0%、磷 0.45%，赖氨酸 1%、蛋氨酸 0.45%。

# 第三章
# 蛋鸡的饲料配方实例

## 第一节 育雏育成期饲料配方

### 一、预混料配方

**1. 维生素预混料配方**

育雏育成期蛋鸡维生素预混料配方见表 3-1。

表 3-1 育雏育成期蛋鸡维生素预混料配方

（单位：毫克）

| 原料及规格 | 0~8 周龄 | | 9~18 周龄 | | 19 周龄至开产 | |
|---|---|---|---|---|---|---|
| | 0.4% 维生素预混料 | 0.5% 维生素预混料 | 0.4% 维生素预混料 | 0.5% 维生素预混料 | 0.4% 维生素预混料 | 0.5% 维生素预混料 |
| 维生素 A（50 万国际单位/克） | 9.76 | 10.00 | 9.84 | 9.84 | 10.32 | 10.08 |
| 维生素 D（50 万国际单位/克） | 2.05 | 1.97 | 1.95 | 1.96 | 1.98 | 2.05 |
| 维生素 E（50%） | 25.8 | 24.6 | 21.2 | 21.2 | 21.6 | 21.8 |
| 维生素 K（50%） | 1.26 | 1.24 | 1.28 | 1.28 | 1.26 | 1.24 |
| 维生素 $B_1$（88%） | 2.52 | 2.60 | 2.03 | 2.03 | 1.97 | 2.05 |
| 维生素 $B_2$（96%） | 4.80 | 4.80 | 2.96 | 2.96 | 3.15 | 3.39 |
| 泛酸（90%） | 14.33 | 14.22 | 14.00 | 14.00 | 14.22 | 14.22 |
| 烟酸（99%） | 39.09 | 38.79 | 18.38 | 18.38 | 19.90 | 19.90 |
| 维生素 $B_6$（80%） | 4.80 | 4.76 | 4.73 | 4.73 | 4.80 | 4.76 |
| 叶酸（80%） | 0.86 | 0.89 | 0.50 | 0.50 | 0.50 | 0.51 |
| 维生素 $B_{12}$（1%） | 1.26 | 1.26 | 0.59 | 0.59 | 0.68 | 0.66 |
| 抗氧化剂 | 0.14 | 0.175 | 0.14 | 0.175 | 0.14 | 0.175 |
| 载体 | 293.33 | 394.695 | 322.4 | 422.355 | 319.48 | 419.165 |
| 总计 | 400 | 500 | 400 | 500 | 400 | 500 |

## 2. 微量元素预混料配方

育雏育成期蛋鸡微量元素预混料配方见表 3-2。

### 表 3-2　育雏育成期蛋鸡微量元素预混料配方

（单位：毫克）

| 原料及规格 | 0~8 周龄 | | 9~18 周龄 | | 19 周龄至开产 | |
|---|---|---|---|---|---|---|
| | 0.4%微量元素预混料 | 0.5%微量元素预混料 | 0.4%微量元素预混料 | 0.5%微量元素预混料 | 0.4%微量元素预混料 | 0.5%微量元素预混料 |
| 七水硫酸亚铁 | 100000 | 86000 | 75000 | 62000 | 81250 | 62000 |
| 五水硫酸铜 | 7925 | 6560 | 5950 | 4800 | 9425 | 6560 |
| 一水硫酸锰 | 50850 | 42000 | 33900 | 28400 | 50850 | 42720 |
| 一水硫酸锌 | 42250 | 36000 | 28150 | 22560 | 56325 | 46184 |
| 亚硒酸钠（1%） | 16650 | 14160 | 16725 | 13600 | 16650 | 14160 |
| 碘化钾（1%） | 12750 | 10720 | 12700 | 11200 | 12700 | 10800 |
| 载体 | 769575 | 804560 | 827575 | 857440 | 772800 | 817576 |
| 合计 | 1000000 | 1000000 | 1000000 | 1000000 | 1000000 | 1000000 |

## 3. 复合预混料配方

育雏育成期蛋鸡复合预混料配方见表 3-3。

### 表 3-3　育雏育成期蛋鸡复合预混料配方

（单位：毫克）

| 原料及规格 | 0~8 周龄 | | 9~18 周龄 | | 19 周龄至开产 | |
|---|---|---|---|---|---|---|
| | 1%复合预混料 | 4%复合预混料 | 1%复合预混料 | 4%复合预混料 | 1%复合预混料 | 4%复合预混料 |
| 七水硫酸亚铁 | 40000 | 10750 | 30000 | 7750 | 32500 | 7750 |
| 五水硫酸铜 | 3170 | 820 | 2380 | 600 | 3770 | 820 |
| 一水硫酸锰 | 20340 | 5250 | 13560 | 3550 | 20340 | 5340 |
| 一水硫酸锌 | 16900 | 4500 | 11260 | 2820 | 22530 | 5773 |

（续）

| 原料及规格 | 0~8周龄 | | 9~18周龄 | | 19周龄至开产 | |
|---|---|---|---|---|---|---|
| | 1%<br>复合<br>预混料 | 4%<br>复合<br>预混料 | 1%<br>复合<br>预混料 | 4%<br>复合<br>预混料 | 1%<br>复合<br>预混料 | 4%<br>复合<br>预混料 |
| 亚硒酸钠（1%） | 6660 | 1770 | 6690 | 1700 | 6660 | 1770 |
| 碘化钾（1%） | 5100 | 1340 | 5080 | 1400 | 5080 | 1350 |
| 维生素A（50万国际<br>单位/克） | 1200 | 300 | 1200 | 300 | 1200 | 300 |
| 维生素D（50万国际<br>单位/克） | 220 | 60 | 200 | 45 | 220 | 45 |
| 维生素E（50%） | 2000 | 600 | 2000 | 450 | 2000 | 430 |
| 维生素K（50%） | 300 | 90 | 300 | 75 | 300 | 100 |
| 维生素$B_1$（80%） | 230 | 70 | 170 | 45 | 170 | 45 |
| 维生素$B_2$（96%） | 380 | 100 | 190 | 50 | 250 | 60 |
| 泛酸（90%） | 1230 | 305 | 1220 | 305 | 1220 | 305 |
| 烟酸（99%） | 3030 | 810 | 1210 | 300 | 1210 | 300 |
| 维生素$B_6$（80%） | 375 | 95 | 380 | 95 | 380 | 95 |
| 维生素$B_{12}$（1%） | 100 | 25 | 30 | 8 | 40 | 10 |
| 叶酸（80%） | 65 | 15 | 30 | 7 | 30 | 7 |
| 抗氧化剂 | 300 | 300 | 300 | 300 | 300 | 300 |
| 载体 | 898400 | 972800 | 923800 | 980200 | 901800 | 975200 |
| 总计 | 1000000 | 1000000 | 1000000 | 1000000 | 1000000 | 1000000 |

## 二、浓缩饲料配方

不同阶段蛋鸡浓缩饲料配方、营养水平及饲喂方式见表3-4、表3-5。

表 3-4　0~8 周龄蛋鸡浓缩饲料配方、营养水平及饲喂方式

| | 项目 | 配方 1 | 配方 2 | 配方 3 | 配方 4 | 配方 5 | 配方 6 | 配方 7 |
|---|---|---|---|---|---|---|---|---|
| 原料 | 玉米（粗蛋白质 8.7%）（%） | 1.72 | 1.22 | 3.02 | 0.71 | 1.90 | 2.51 | 2.24 |
| | 大豆粕（粗蛋白质 44.2%）（%） | 56.66 | 60.00 | 62.50 | 56.25 | 46.88 | 50.00 | 48.75 |
| | 棉籽粕（%） | | 6.67 | | 6.25 | 6.25 | 6.25 | 4.65 |
| | 菜籽粕（%） | 6.67 | | | 3.13 | 3.13 | 1.56 | 3.13 |
| | 花生仁粕（%） | | | | | | 3.13 | 1.56 |
| | 向日葵仁粕（%） | | | | | | | 4.25 |
| | 鱼粉（粗蛋白质 60.2%）（%） | 23.00 | 20.30 | 18.93 | 18.76 | 22.20 | 21.17 | 23.92 |
| | 肉骨粉（%） | | | 1.56 | | | | |
| | 苜蓿草粉（粗蛋白质 17.2%）（%） | 2.66 | 2.00 | | | 6.25 | 6.23 | 3.24 |
| | 棉籽蛋白（%） | | | | 1.56 | 3.13 | | |
| | 磷酸氢钙（无水）（%） | 2.11 | 2.37 | 2.26 | 2.42 | 2.11 | 2.17 | 1.76 |
| | 石粉（%） | 3.10 | 3.26 | 7.77 | 6.97 | 4.30 | 3.13 | 2.79 |
| | 食盐（%） | 0.48 | 0.55 | 0.53 | 0.53 | 0.43 | 0.45 | 0.36 |
| | 蛋氨酸（%） | 0.27 | 0.30 | 0.30 | 0.29 | 0.29 | 0.27 | 0.22 |
| | 1%预混料（%） | 3.33 | 3.33 | 3.13 | 3.13 | 3.13 | 3.13 | 3.13 |
| | 合计（%） | 100 | 100 | 100 | 100 | 100 | 100 | 100 |
| 营养水平 | 代谢能/（兆焦/千克） | 9.24 | 9.24 | 9.09 | 8.88 | 8.88 | 9.09 | 9.09 |
| | 粗蛋白质（%） | 42.23 | 42.27 | 40.23 | 41.10 | 41.02 | 41.11 | 41.29 |
| | 钙（%） | 2.94 | 2.94 | 4.57 | 4.20 | 3.36 | 2.91 | 2.77 |
| | 非植酸磷（%） | 1.28 | 1.25 | 1.25 | 1.23 | 1.26 | 1.25 | 1.23 |
| | 钠（%） | 0.45 | 0.45 | 0.42 | 0.42 | 0.42 | 0.42 | 0.42 |
| | 氯（%） | 0.48 | 0.50 | 0.48 | 0.48 | 0.46 | 0.47 | 0.43 |

（续）

| 项目 | | 配方1 | 配方2 | 配方3 | 配方4 | 配方5 | 配方6 | 配方7 |
|---|---|---|---|---|---|---|---|---|
| 营养水平 | 赖氨酸（%） | 2.72 | 2.72 | 2.62 | 2.59 | 2.59 | 2.58 | 2.59 |
| | 蛋氨酸（%） | 1.02 | 1.03 | 0.99 | 0.98 | 1.03 | 0.99 | 0.98 |
| | 总含硫氨基酸（%） | 1.58 | 1.58 | 1.50 | 1.50 | 1.50 | 1.50 | 1.50 |
| 饲喂方式 | 玉米（%） | 65 | 65 | 65 | 66 | 66 | 65 | 65 |
| | 麦麸（%） | 5 | 5 | 3 | 2 | 2 | 3 | 3 |
| | 浓缩饲料（%） | 30 | 30 | 32 | 32 | 32 | 32 | 32 |

表3-5　9~18周龄蛋鸡浓缩饲料配方、营养水平及饲喂方式

| 项目 | | 配方1 | 配方2 | 配方3 | 配方4 | 配方5 | 配方6 | 配方7 |
|---|---|---|---|---|---|---|---|---|
| 原料 | 玉米（粗蛋白质8.7%）（%） | 1.93 | 1.87 | 3.67 | 0.60 | 2.99 | 1.47 | 3.82 |
| | 大豆粕（粗蛋白质44.2%）（%） | 53.85 | 28.67 | 40.89 | 49.77 | 44.71 | 48.07 | 50.45 |
| | 棉籽粕（%） | | 15.38 | 14.29 | | 10.00 | 10.34 | 10.34 |
| | 菜籽粕（%） | | 3.85 | | 10.71 | 6.21 | 3.46 | 5.23 |
| | 花生仁粕（%） | | | | | 3.33 | 1.72 | |
| | 亚麻仁粕（%） | | 7.69 | | | | | |
| | 向日葵仁粕（%） | | | | | | 2.76 | |
| | 鱼粉（粗蛋白质60.2%）（%） | 11.13 | 12.62 | 7.43 | 4.98 | | 0.73 | |
| | 苜蓿草粉（粗蛋白质17.2%）（%） | 22.13 | 19.23 | 21.43 | 21.43 | 20.00 | 18.97 | 17.20 |
| | 磷酸氢钙（无水）（%） | 3.02 | 2.49 | 2.82 | 3.20 | 3.41 | 3.43 | 3.42 |
| | 石粉（%） | 3.19 | 3.54 | 3.21 | 3.02 | 2.99 | 3.19 | 3.30 |
| | 食盐（%） | 0.86 | 0.81 | 0.86 | 0.91 | 0.96 | 0.98 | 1.01 |
| | 蛋氨酸（%） | 0.04 | | 0.04 | 0.02 | 0.07 | 0.05 | 0.06 |
| | 葵花油（%） | | | 1.79 | 1.79 | 2.00 | 1.38 | 1.72 |

（续）

| | 项目 | 配方1 | 配方2 | 配方3 | 配方4 | 配方5 | 配方6 | 配方7 |
|---|---|---|---|---|---|---|---|---|
| 原料 | 1%预混料（%） | 3.85 | 3.85 | 3.57 | 3.57 | 3.33 | 3.45 | 3.45 |
| | 合计（%） | 100 | 100 | 100 | 100 | 100 | 100 | 100 |
| 营养水平 | 代谢能/（兆焦/千克） | 7.77 | 7.50 | 7.99 | 7.94 | 8.09 | 7.90 | 8.10 |
| | 粗蛋白质（%） | 34.50 | 34.59 | 33.67 | 32.88 | 31.84 | 32.68 | 32.30 |
| | 钙（%） | 3.00 | 3.01 | 2.89 | 2.79 | 2.61 | 2.70 | 2.70 |
| | 非植酸磷（%） | 1.15 | 1.11 | 1.05 | 1.03 | 0.96 | 0.97 | 0.95 |
| | 钠（%） | 0.51 | 0.51 | 0.49 | 0.48 | 0.46 | 0.46 | 0.46 |
| | 氯（%） | 0.72 | 0.69 | 0.72 | 0.72 | 0.71 | 0.72 | 0.73 |
| | 赖氨酸（%） | 2.15 | 1.97 | 1.97 | 1.88 | 1.69 | 1.78 | 1.78 |
| | 蛋氨酸（%） | 0.50 | 0.57 | 0.56 | 0.51 | 0.48 | 0.50 | 0.54 |
| | 总含硫氨基酸（%） | 1.03 | 1.04 | 1.01 | 0.99 | 0.95 | 0.97 | 0.98 |
| 饲喂方式 | 玉米（%） | 69 | 70 | 67 | 68 | 67 | 68 | 67 |
| | 麦麸（%） | 5 | 4 | 5 | 4 | 4 | 3 | 3 |
| | 浓缩饲料（%） | 26 | 26 | 28 | 28 | 29 | 29 | 30 |

## 三、全价配合饲料配方

### 1. 育雏期饲料配方

育雏期蛋鸡饲料配方及营养水平见表3-6~表3-15。

表3-6  0~6周龄蛋鸡饲料配方一及营养水平

| | 项目 | 配方1 | 配方2 | 配方3 | 配方4 | 配方5 | 配方6 | 配方7 |
|---|---|---|---|---|---|---|---|---|
| 原料 | 黄玉米（粗蛋白质8.7%）（%） | 63.4 | 62.30 | 64.00 | 65.00 | 64.00 | 58.00 | 62.70 |
| | 小米（%） | | 6.00 | | | | 7.00 | 6.00 |
| | 小麦麸（%） | 9.00 | 8.45 | 6.40 | 7.15 | 7.40 | 8.75 | 8.55 |
| | 大豆粕（粗蛋白质47.9%）（%） | 15.00 | 8.50 | 14.00 | 21.00 | 13.00 | 12.00 | 8.50 |

（续）

| 项目 | | 配方1 | 配方2 | 配方3 | 配方4 | 配方5 | 配方6 | 配方7 |
|---|---|---|---|---|---|---|---|---|
| 原料 | 鱼粉（进口）(%) | 9.50 | 9.00 | 9.00 | | 9.00 | 9.00 | 9.00 |
| | 苜蓿草粉(%) | | 3.00 | 3.50 | 4.0 | 3.50 | 2.50 | 2.50 |
| | 骨粉(%) | 2.00 | 1.50 | 2.00 | 1.30 | 2.00 | 1.50 | 1.50 |
| | 食盐(%) | 0.10 | 0.25 | 0.10 | 0.20 | 0.10 | 0.25 | 0.25 |
| | 蛋氨酸(%) | | | | 0.15 | | | |
| | 赖氨酸(%) | | | | 0.20 | | | |
| | 1%雏鸡预混料(%) | 1 | 1 | 1 | 1 | 1 | 1 | 1 |
| | 合计(%) | 100 | 100 | 100 | 100 | 100 | 100 | 100 |
| 营养水平 | 代谢能/（兆焦/千克） | 12.18 | 12.09 | 12.00 | 11.99 | 11.97 | 12.00 | 12.09 |
| | 粗蛋白质(%) | 19.60 | 18.00 | 19.00 | 18.90 | 19.10 | 19.40 | 18.00 |
| | 蛋能比 | 1.61 | | 1.58 | 1.41 | 1.60 | 1.62 | 1.49 |
| | 粗纤维(%) | 3.50 | | 3.50 | 4.20 | 4.10 | 3.30 | 3.40 |
| | 钙(%) | 1.24 | 1.12 | 1.24 | 0.66 | 1.08 | 1.12 | 1.12 |
| | 磷(%) | 1.04 | 0.75 | 1.00 | 0.58 | 0.81 | 0.82 | 0.75 |
| | 赖氨酸(%) | 0.93 | 0.95 | 0.99 | 0.75 | 0.91 | | 0.95 |
| | 蛋氨酸(%) | 0.29 | 0.35 | 0.29 | 0.20 | 0.29 | | 0.35 |
| | 蛋氨酸+胱氨酸(%) | 0.57 | 0.56 | 0.57 | 0.49 | 0.56 | | 0.56 |

**表 3-7　0~6周龄蛋鸡饲料配方二及营养水平**

| 项目 | | 配方8 | 配方9 | 配方10 | 配方11 | 配方12 | 配方13 | 配方14 |
|---|---|---|---|---|---|---|---|---|
| 原料 | 黄玉米（粗蛋白质8.7%)(%) | 50.50 | 61.50 | 58.50 | 60.00 | 64.00 | 57.00 | |
| | 玉米胚芽饼(%) | 8.00 | 8.00 | | | | | 61.16 |
| | 小米(%) | 10.50 | | | | | | |
| | 高粱(%) | | | 5.50 | | | | 10.00 |

（续）

| 项目 | | 配方 8 | 配方 9 | 配方 10 | 配方 11 | 配方 12 | 配方 13 | 配方 14 |
|---|---|---|---|---|---|---|---|---|
| 原料 | 大麦（%） | | | 2.00 | | | 2.80 | 5.00 |
| | 小麦麸（%） | 3.00 | 1.50 | 4.40 | 14.46 | 6.50 | 11.50 | |
| | 大豆粕（%） | 17.55 | 17.00 | 16.80 | 10.00 | 14.00 | 20.70 | 15.00 |
| | 鱼粉（进口）（%） | 7.00 | | | 10.00 | 9.00 | 5.00 | 3.00 |
| | 鱼粉（国产）（%） | | 9.00 | 10.00 | | | | |
| | 苜蓿草粉（%） | | | | | 3.50 | | 3.50 |
| | 槐叶粉（%） | | | | 4.00 | | 2.00 | |
| | 骨粉（%） | 1.50 | 2.00 | 1.50 | | 2.00 | | 1.00 |
| | 石粉（%） | 0.50 | | 0.30 | 0.30 | | | |
| | 磷酸氢钙（无水）（%） | | | | 0.04 | | | |
| | 食盐（%） | 0.30 | | | 0.20 | | | 0.25 |
| | 蛋氨酸（%） | 0.15 | | | | | | 0.03 |
| | 赖氨酸（%） | | | | | | | 0.06 |
| | 1%雏鸡预混料（%） | 1.0 | 1.0 | 1.0 | 1.0 | 1.0 | 1.0 | 1.0 |
| | 合计（%） | 100 | 100 | 100 | 100 | 100 | 100 | 100 |
| 营养水平 | 代谢能/（兆焦/千克） | 12.13 | 11.80 | 12.00 | 11.51 | 12.09 | 12.55 | 12.01 |
| | 粗蛋白质（%） | 20.30 | 17.50 | 19.00 | 18.70 | 18.00 | 19.20 | 16.10 |
| | 蛋能比 | 1.67 | 1.48 | 1.58 | 1.68 | 1.49 | 1.53 | 1.34 |
| | 粗纤维（%） | 2.90 | 3.50 | 3.56 | 3.70 | 3.20 | 3.70 | 3.20 |
| | 钙（%） | 0.95 | 0.80 | 1.29 | 1.11 | 1.12 | 1.18 | 0.98 |
| | 磷（%） | 0.73 | 0.77 | 1.00 | 0.60 | 0.75 | 0.86 | 0.60 |
| | 赖氨酸（%） | 1.18 | 1.00 | 0.98 | 1.21 | 0.95 | 1.06 | 0.98 |
| | 蛋氨酸（%） | 0.41 | 0.34 | 0.29 | | 0.35 | 0.32 | 0.42 |
| | 蛋氨酸+胱氨酸（%） | 0.72 | 0.70 | 0.57 | 0.76 | 0.56 | 0.68 | 0.65 |

表 3-8　0~6 周龄蛋鸡饲料配方三及营养水平

| | 项目 | 配方 15 | 配方 16 | 配方 17 | 配方 18 | 配方 19 | 配方 20 | 配方 21 |
|---|---|---|---|---|---|---|---|---|
| 原料 | 黄玉米（%） | 59.00 | 63.00 | 64.00 | 57.50 | 60.00 | 63.30 | 57.00 |
| | 小麦麸（%） | 0.77 | 7.00 | 5.20 | 9.40 | 7.10 | 11.90 | 3.71 |
| | 大豆粕（%） | 16.90 | 23.00 | 22.40 | 24.00 | 22.04 | 14.50 | |
| | 棉仁粕（%） | | | | | | | 7.00 |
| | 向日葵仁饼（%） | | | | | | | 17.00 |
| | 亚麻仁粕（%） | 20.00 | 4.50 | 3.00 | | | | |
| | 鱼粉（进口）（%） | | | 3.00 | 6.09 | 8.00 | 9.00 | |
| | 鱼粉（国产）（%） | | | | | | | 6.00 |
| | 骨粉（%） | 1.68 | 1.30 | 1.10 | 2.00 | 1.50 | | 0.29 |
| | 食盐（%） | 0.35 | 0.20 | 0.30 | | 0.30 | 0.30 | |
| | 蛋氨酸（%） | 0.14 | | | 0.01 | 0.06 | | |
| | 赖氨酸（%） | 0.16 | | | | | | |
| | 高粱（%） | | | | | | | 8.00 |
| | 1%雏鸡预混料（%） | 1 | 1 | 1 | 1 | 1 | 1 | 1 |
| | 合计（%） | 100 | 100 | 100 | 100 | 100 | 100 | 100 |
| 营养水平 | 代谢能/（兆焦/千克） | 11.97 | 11.97 | 12.05 | 12.05 | 12.64 | 11.59 | 12.34 |
| | 粗蛋白质（%） | 18.50 | 18.50 | 19.30 | 19.10 | 19.14 | 18.10 | 19.50 |
| | 蛋能比 | 1.55 | 1.55 | 1.60 | 1.52 | 1.51 | 1.56 | 1.58 |
| | 粗纤维（%） | | 4.50 | 3.05 | 3.18 | 3.70 | 3.50 | 4.10 |
| | 钙（%） | 0.66 | 0.66 | 0.83 | 1.00 | 1.08 | 0.96 | 0.94 |
| | 磷（%） | 0.55[①] | 0.58 | 0.71 | 0.62 | 0.72 | 0.70 | 0.69 |
| | 赖氨酸（%） | 0.82 | 0.82 | 0.97 | 1.08 | 0.93 | 0.86 | 0.97 |
| | 蛋氨酸（%） | 0.22 | 0.22 | 0.36 | 0.38 | 0.26 | 0.32 | 0.30 |
| | 蛋氨酸+胱氨酸（%） | 0.53 | 0.53 | 0.61 | 0.65 | 0.58 | 0.80 | 0.68 |

① 有效磷含量。

表 3-9  0~6 周龄蛋鸡饲料配方四及营养水平

| | 项目 | 配方 22 | 配方 23 | 配方 24 | 配方 25 | 配方 26 | 配方 27 | 配方 28 |
|---|---|---|---|---|---|---|---|---|
| 原料 | 黄玉米（%） | 59.62 | 53.96 | 53.70 | 62.80 | 58.00 | 60.00 | 62.46 |
| | 小米（%） | | | 11.00 | 5.00 | | | |
| | 高粱（%） | 9.00 | 7.00 | | | | | |
| | 大麦（%） | 3.00 | 5.00 | | | | | |
| | 小麦麸（%） | | | 7.00 | 8.95 | 8.25 | 12.00 | 6.20 |
| | 大豆粕（%） | 17.50 | 18.00 | 18.40 | 8.50 | 20.00 | 20.00 | 24.10 |
| | 菜籽粕（%） | | 3.00 | | | | | |
| | 棉仁粕（%） | | 3.00 | | | | | |
| | 鱼粉（进口）（%） | 3.00 | 4.00 | 7.00 | 9.00 | 7.00 | | 3.00 |
| | 苜蓿草粉（%） | 3.80 | 2.00 | | 3.00 | | | |
| | 槐叶粉（%） | | | | | 3.00 | 3.00 | |
| | 骨粉（%） | 1.00 | 0.75 | 1.00 | | 2.45 | 2.50 | 2.72 |
| | 石粉（%） | | | | 1.50 | | | 0.20 |
| | 贝壳粉（%） | | | 0.50 | | | 1.10 | |
| | 磷酸氢钙（无水）（%） | 1.70 | 2.00 | | | | 0.10 | |
| | 食盐（%） | 0.25 | 0.25 | 0.30 | 0.25 | 0.30 | 0.20 | 0.20 |
| | 蛋氨酸（%） | 0.05 | 0.04 | 0.10 | | | 0.10 | 0.12 |
| | 赖氨酸（%） | 0.08 | | | | | | |
| | 1%雏鸡预混料（%） | 1 | 1 | 1 | 1 | 1 | 1 | 1 |
| | 合计（%） | 100 | 100 | 100 | 100 | 100 | 100 | 100 |
| 营养水平 | 代谢能/（兆焦/千克） | 12.19 | 11.72 | 12.00 | 11.46 | 11.51 | 11.76 | 11.92 |
| | 粗蛋白质（%） | 20.00 | 18.00 | 17.80 | 15.00 | 16.00 | 18.60 | 18.00 |
| | 蛋能比 | 1.64 | | 1.48 | 1.31 | 1.42 | 1.58 | 1.59 |
| | 粗纤维（%） | 3.10 | | 3.14 | 4.00 | 4.00 | 7.30 | |

（续）

| 项目 | | 配方 22 | 配方 23 | 配方 24 | 配方 25 | 配方 26 | 配方 27 | 配方 28 |
|---|---|---|---|---|---|---|---|---|
| 营养水平 | 钙（%） | 0.83 | 0.98 | 1.22 | 0.97 | 0.89 | 1.00 | 1.00 |
| | 磷（%） | 0.72 | 0.66 | 0.91 | 0.80 | 0.88 | 0.94 | 0.75 |
| | 赖氨酸（%） | 1.17 | 0.84 | 0.95 | 0.80 | 0.84 | 0.85 | 0.98 |
| | 蛋氨酸（%） | 0.40 | 0.31 | 0.33 | 0.38 | 0.34 | 0.32 | |
| | 蛋氨酸+胱氨酸（%） | 0.71 | 0.59 | 0.60 | 0.64 | 0.68 | 0.60 | 0.66 |

**表 3-10    0~6 周龄蛋鸡饲料配方五及营养水平**

| 项目 | | 配方 29 | 配方 30 | 配方 31 | 配方 32 | 配方 33 | 配方 34 | 配方 35 |
|---|---|---|---|---|---|---|---|---|
| 原料 | 黄玉米（%） | 65.61 | 54.00 | 59.80 | 65.61 | 55.08 | 50.00 | 59.00 |
| | 高粱（%） | | | 7.00 | 2.00 | | 2.58 | 7.00 | |
| | 大麦（%） | | 5.00 | 4.25 | | | | |
| | 小麦麸（%） | | | | | 10.00 | 3.18 | 11.70 |
| | 大豆粕（%） | 8.00 | 18.00 | 10.00 | 8.00 | 17.00 | | 25.70 |
| | 菜籽粕（%） | | 3.00 | | | | 7.00 | |
| | 花生仁粕（%） | 8.00 | | 8.00 | 8.00 | | | |
| | 棉仁粕（%） | 8.00 | 3.00 | 4.00 | 8.00 | | 6.50 | |
| | 芝麻粕（%） | | | | | 7.00 | | |
| | 向日葵仁饼（%） | | | | | | 16.00 | |
| | 鱼粉（进口）（%） | 6.00 | 4.00 | | 6.00 | 6.00 | 1.50 | |
| | 鱼粉（国产）（%） | | | 2.50 | | | | |
| | 血粉（%） | | | 4.00 | | | | |
| | 苜蓿草粉（%） | 1.00 | 2.00 | | 1.00 | | 4.50 | |
| | 槐叶粉（%） | | | 4.00 | | | | |
| | 骨粉（%） | 0.50 | 0.75 | 0.25 | 0.50 | 0.90 | 0.75 | 1.77 |
| | 石粉（%） | | | | | 0.10 | | 0.40 |

（续）

| | 项目 | 配方 29 | 配方 30 | 配方 31 | 配方 32 | 配方 33 | 配方 34 | 配方 35 |
|---|---|---|---|---|---|---|---|---|
| 原料 | 磷酸氢钙（无水）（%） | 1.50 | 2.00 | | 1.50 | | 2.00 | |
| | 食盐（%） | 0.25 | 0.25 | 0.10 | 0.25 | 0.19 | 0.25 | 0.35 |
| | 蛋氨酸（%） | 0.08 | | 0.10 | 0.08 | 0.05 | 0.08 | 0.08 |
| | 赖氨酸（%） | 0.06 | | | 0.06 | 0.10 | 0.24 | |
| | 1% 雏鸡预混剂（%） | 1 | 1 | 1 | 1 | 1 | 1 | 1 |
| | 合计（%） | 100 | 100 | 100 | 100 | 100 | 100 | 100 |
| 营养水平 | 代谢能/（兆焦/千克） | 11.72 | 12.34 | 12.39 | 1.55 | 11.99 | 11.92 | |
| | 粗蛋白质（%） | 18.00 | 19.50 | 18.30 | 16.30 | 18.00 | 18.00 | |
| | 蛋能比 | 1.54 | 1.58 | 1.49 | 1.41 | 1.51 | 1.51 | |
| | 粗纤维（%） | 3.70 | | 3.40 | | | | |
| | 钙（%） | 0.93 | 0.94 | 0.93 | 0.94 | 0.84 | 0.80 | |
| | 磷（%） | 0.89 | 0.47[①] | 0.90 | 0.56[①] | 0.40[①] | 0.40[①] | |
| | 赖氨酸（%） | 0.84 | 0.97 | 0.99 | 0.85 | 0.94 | 0.85 | |
| | 蛋氨酸（%） | | 0.30 | 0.38 | 0.32 | | 0.30 | |
| | 蛋氨酸+胱氨酸（%） | 0.59 | 0.63 | 0.65 | 0.59 | 0.66 | | |

① 有效磷含量。

## 表 3-11　0~6 周龄蛋鸡饲料配方六　（质量分数,%）

| 原料 | 配方 36 | 配方 37 | 配方 38 | 配方 39 | 配方 40 | 配方 41 | 配方 42 | 配方 43 |
|---|---|---|---|---|---|---|---|---|
| 黄玉米 | 62.70 | 56.13 | 64.00 | 51.00 | 62.69 | 61.00 | 60.00 | 63.33 |
| 高粱 | | | 3.00 | 10.00 | | | | |
| 大麦 | | | | 5.00 | | 9.18 | | |
| 小麦麸 | | 9.30 | 10.00 | 3.40 | 4.00 | 3.00 | 13.30 | 2.10 |
| 大豆粕（粗蛋白质47.9%） | 19.80 | 27.00 | 14.00 | 15.00 | 15.00 | 12.26 | 22.00 | 8.33 |

（续）

| 原料 | 配方36 | 配方37 | 配方38 | 配方39 | 配方40 | 配方41 | 配方42 | 配方43 |
|---|---|---|---|---|---|---|---|---|
| 米糠 | | | | | 4.08 | | | |
| 花生仁饼 | | | | | 2.00 | | | |
| 菜籽粕 | | | | | 3.00 | | | 8.33 |
| 棉仁粕 | | | | | | 3.00 | | 8.33 |
| 玉米蛋白粉 | | | | | | 3.00 | | |
| 向日葵仁粕 | 8.80 | | | | | | | |
| 鱼粉（进口） | | 3.00 | 5.00 | 10.00 | | | | 4.00 |
| 鱼粉（国产） | 6.00 | | | | 5.95 | 5.00 | | |
| 槐叶粉 | | | | 3.00 | | | 2.00 | |
| 苜蓿草粉 | | | | | | | | 2.00 |
| 骨粉 | 1.50 | 3.20 | 2.50 | 1.00 | | | | 1.12 |
| 石粉 | | | | 0.30 | 1.18 | 0.50 | 0.50 | |
| 磷酸氢钙（无水） | | | | | 0.60 | 1.47 | 1.00 | 1.11 |
| 食盐 | 0.20 | 0.30 | 0.30 | 0.30 | 0.30 | 0.19 | 0.20 | 0.25 |
| 蛋氨酸 | | 0.07 | 0.10 | | 0.10 | 0.20 | | 0.07 |
| 赖氨酸 | | | 0.10 | | 0.10 | 0.20 | | 0.03 |
| 1%雏鸡预混料 | 1 | 1 | 1 | 1 | 1 | 1 | 1 | 1 |
| 合计 | 100 | 100 | 100 | 100 | 100 | 100 | 100 | 100 |

注：部分数据来源于林东康《常用饲料配方与设计技巧》。

表3-12　0~8周龄蛋鸡饲料配方一　（质量分数，%）

| 原料 | 配方1 | 配方2 | 配方3 | 配方4 | 配方5 | 配方6 |
|---|---|---|---|---|---|---|
| 玉米 | 62.75 | 63.36 | 63.50 | 65.00 | 64.00 | 65.00 |
| 小麦麸 | 6.46 | 7.48 | 3.94 | 7.00 | 5.36 | 7.00 |
| 大豆饼 | 18.0 | 14.35 | 15.50 | | | |
| 大豆粕 | | | | 15.00 | 15.70 | 15.00 |
| 菜籽饼 | 3.00 | | | | | |
| 玉米蛋白粉（粗蛋白质51.3%） | | | | 4.00 | 6.00 | 4.00 |

（续）

| 原料 | 配方 1 | 配方 2 | 配方 3 | 配方 4 | 配方 5 | 配方 6 |
|---|---|---|---|---|---|---|
| 向日葵仁粕（粗蛋白质 33.5%） | | 4.00 | 8.00 | | | |
| 鱼粉（粗蛋白质 60.2%） | 7.00 | 8.00 | 6.00 | 5.00 | 6.00 | 5.00 |
| 磷酸氢钙（无水） | 0.66 | 0.51 | 0.72 | 1.00 | 0.70 | 1.00 |
| 石粉 | 0.92 | 0.99 | 1.00 | 1.00 | 1.00 | 1.00 |
| 食盐 | 0.15 | 0.11 | 0.14 | 0.80 | 0.11 | 0.80 |
| 蛋氨酸 | 0.06 | 0.10 | 0.10 | | 0.09 | 0.10 |
| 赖氨酸 | | 0.10 | 0.10 | 0.10 | 0.04 | 0.10 |
| 1%雏鸡预混料 | 1.00 | 1.00 | 1.00 | 1.00 | 1.00 | 1.00 |
| 合计 | 100 | 100 | 100 | 100 | 100 | 100 |

表 3-13　0~8 周龄蛋鸡饲料配方二　　（质量分数,%）

| 原料 | 配方 7 | 配方 8 | 配方 9 | 配方 10 | 配方 11 | 配方 12 |
|---|---|---|---|---|---|---|
| 玉米 | 64.58 | 63.68 | 63.65 | 62.90 | 65.99 | 64.00 |
| 高粱 | | | | 5.00 | 3.99 | 1.20 |
| 小麦麸 | | 3.00 | 2.00 | 1.61 | 4.50 | 2.12 |
| 大豆粕（粗蛋白质 47.9%） | 19.45 | 18.00 | 16.00 | 16.50 | 15.50 | 15.00 |
| 向日葵仁粕（粗蛋白质 33.5%） | 6.50 | 5.00 | 7.00 | | | 5.00 |
| 棉籽饼 | | | | | | 2.00 |
| 玉米蛋白粉（粗蛋白质 51.3%） | | 1.23 | | | | 3.00 |
| DDGS | 5.50 | 5.00 | 4.00 | 5.00 | | |
| 鱼粉（粗蛋白质 60.2%） | | | | 6.00 | 7.00 | 4.00 |
| 肉骨粉 | | | 3.26 | | | |
| 磷酸氢钙（无水） | 1.49 | 1.51 | 1.59 | 0.80 | 0.67 | 1.00 |
| 石粉 | 1.00 | 1.00 | 1.00 | 0.96 | 1.00 | 1.00 |
| 食盐 | 0.18 | 0.18 | 0.20 | 0.11 | 0.15 | 0.47 |
| 蛋氨酸 | 0.10 | 0.10 | 0.10 | 0.07 | 0.10 | 0.08 |
| 赖氨酸 | 0.20 | 0.30 | 0.20 | 0.05 | 0.10 | 0.13 |
| 1%雏鸡预混 | 1.00 | 1.00 | 1.00 | 1.00 | 1.00 | 1.00 |
| 合计 | 100 | 100 | 100 | 100 | 100 | 100 |

表 3-14　0~8 周龄蛋鸡饲料配方三　　（质量分数,%）

| 原料 | 配方 13 | 配方 14 | 配方 15 | 配方 16 | 配方 17 | 配方 18 |
|---|---|---|---|---|---|---|
| 玉米 | 28.87 | 30.00 | 30.00 | 8.60 | 10.00 | |
| 高粱 | 5.00 | 7.00 | | | | |
| 糙米 | 30.00 | 25.60 | 30.00 | 52.15 | 50.44 | 62.63 |
| 小麦麸 | 6.39 | 10.00 | 10.00 | 10.00 | 10.00 | 10.00 |
| 大豆粕（粗蛋白质 47.9%） | 17.00 | 14.25 | 17.87 | 19.12 | 19.23 | 14.15 |
| 向日葵仁粕（粗蛋白质 33.5%） | 4.00 | | | | | |
| 玉米胚芽饼 | | | | 3.00 | 3.00 | |
| 玉米蛋白粉（粗蛋白质 51.3%） | 1.87 | 6.50 | 4.57 | | | 5.60 |
| 鱼粉（粗蛋白质 60.2%） | 3.50 | 3.00 | 4.00 | 3.70 | 3.66 | 4.00 |
| 磷酸氢钙（无水） | 1.00 | 1.00 | 1.00 | 1.00 | 1.00 | 1.00 |
| 石粉 | 1.00 | 1.00 | 1.00 | 1.00 | 1.00 | 1.00 |
| 食盐 | 0.22 | 0.40 | 0.40 | 0.30 | 0.54 | 0.40 |
| 蛋氨酸 | 0.10 | 0.10 | 0.07 | 0.13 | 0.13 | 0.11 |
| 赖氨酸 | 0.05 | 0.15 | 0.09 | | | 0.11 |
| 1%雏鸡预混料 | 1.00 | 1.00 | 1.00 | 1.00 | 1.00 | 1.00 |
| 合计 | 100 | 100 | 100 | 100 | 100 | 100 |

表 3-15　0~8 周龄蛋鸡饲料配方四　　（质量分数,%）

| 原料 | 配方 19 | 配方 20 | 配方 21 | 配方 22 | 配方 23 | 配方 24 |
|---|---|---|---|---|---|---|
| 玉米（粗蛋白质 8.7%） | 29.50 | 61.00 | 30.00 | 33.03 | 31.00 | 31.00 |
| 大麦（裸） | 0.31 | | 3.14 | 4.10 | | 5.00 |
| 碎米 | 30.00 | | 30.00 | 28.00 | 30.80 | 30.00 |
| 小麦麸 | 9.01 | 2.46 | 2.90 | 4.25 | 10.00 | 5.98 |
| 大豆粕（粗蛋白质 47.9%） | | | | 16.00 | 15.32 | 15.05 |
| 米糠粕 | 5.00 | 5.00 | | 5.00 | | |
| 棉籽饼 | | 3.00 | 3.00 | | | |
| 菜籽粕 | 3.00 | 3.00 | 3.00 | 3.00 | | |

（续）

| 原料 | 配方 19 | 配方 20 | 配方 21 | 配方 22 | 配方 23 | 配方 24 |
|---|---|---|---|---|---|---|
| 向日葵仁粕（粗蛋白质 33.5%） | 10.00 | 8.00 | 10.00 | | 6.00 | 6.00 |
| 玉米蛋白粉（粗蛋白质 51.3%） | 4.00 | 2.50 | | | | |
| DDGS | | 5.00 | 8.50 | | | |
| 鱼粉（粗蛋白质 60.2%） | 6.00 | 7.00 | 6.34 | 3.20 | 3.17 | 3.59 |
| 磷酸氢钙（无水） | 0.70 | 0.63 | 0.68 | 1.00 | 1.00 | 1.00 |
| 石粉 | 1.00 | 1.00 | 1.00 | 1.00 | 1.00 | 1.00 |
| 食盐 | 0.15 | 0.15 | 0.10 | 0.25 | 0.60 | 0.21 |
| 蛋氨酸 | 0.04 | 0.06 | 0.05 | 0.09 | 0.10 | 0.10 |
| 赖氨酸 | 0.29 | 0.20 | 0.29 | 0.08 | 0.01 | 0.07 |
| 1%雏鸡预混料 | 1.00 | 1.00 | 1.00 | 1.00 | 1.00 | 1.00 |
| 合计 | 100 | 100 | 100 | 100 | 100 | 100 |

注：部分数据来源于刘月琴等的《新编蛋鸡饲料配方600例》。

## 2. 育成期饲料配方

育成期蛋鸡饲料配方及营养水平见表 3-16～表 3-30。

### 表 3-16　7～14 周龄蛋鸡饲料配方一及营养水平

| | 项目 | 配方 1 | 配方 2 | 配方 3 | 配方 4 | 配方 5 | 配方 6 | 配方 7 |
|---|---|---|---|---|---|---|---|---|
| 原料 | 黄玉米（%） | 67.6 | 67.50 | 72.00 | 70.60 | 67.50 | 67.00 | 70.00 |
| | 小麦麸（%） | 13.40 | 1.50 | 11.60 | 13.00 | 13.00 | 6.80 | 4.80 |
| | 大豆粕（%） | 7.80 | 12.00 | | 6.00 | 6.90 | 11.00 | |
| | 亚麻仁粕（%） | | 12.00 | 8.00 | | | 10.00 | 14.00 |
| | 鱼粉（进口）（%） | 6.00 | | 3.00 | 5.00 | 6.00 | | 6.00 |
| | 苜蓿草粉（%） | 2.00 | 3.80 | 2.00 | 2.65 | 3.90 | 2.00 | 2.00 |
| | 骨粉（%） | 1.00 | 1.00 | 1.00 | 1.50 | 1.50 | 1.00 | 1.00 |
| | 石粉（%） | 1.00 | 1.00 | 1.00 | | | 1.00 | 1.00 |
| | 食盐（%） | 0.20 | 0.20 | 0.20 | 0.25 | 0.20 | 0.20 | 0.20 |
| | 蛋氨酸（%） | | | 0.05 | | | | |

（续）

| 项目 | | 配方 1 | 配方 2 | 配方 3 | 配方 4 | 配方 5 | 配方 6 | 配方 7 |
|---|---|---|---|---|---|---|---|---|
| 原料 | 赖氨酸（%） | | | 0.15 | | | | |
| | 1%生长鸡预混料（%） | 1.0 | 1.0 | 1.0 | 1.0 | 1.0 | 1.0 | 1.0 |
| | 合计（%） | 100 | 100 | 100 | 100 | 100 | 100 | 100 |
| 营养水平 | 代谢能/（兆焦/千克） | 12.34 | 11.88 | 11.92 | 12.30 | 12.09 | 11.88 | 11.88 |
| | 粗蛋白质（%） | 15.40 | 15.70 | 12.60 | 15.00 | 16.00 | 14.80 | 15.00 |
| | 蛋能比 | 1.25 | 1.32 | 1.06 | 1.22 | 1.32 | 1.25 | 1.26 |
| | 粗纤维（%） | 4.80 | 5.00 | 5.20 | | 3.80 | 4.50 | 4.90 |
| | 钙（%） | 0.97 | 1.20 | 0.92 | 0.81 | 1.04 | 0.77 | 1.12 |
| | 有效磷（%） | 0.77 | 0.54 | 0.68 | 0.63 | 0.78 | 0.60 | 0.74 |
| | 赖氨酸（%） | 0.69 | 0.62 | 0.52 | 0.71 | 0.79 | 0.60 | 0.60 |
| | 蛋氨酸（%） | 0.17 | 0.20 | 0.17 | 0.27 | 0.26 | 0.16 | 0.21 |
| | 蛋氨酸+胱氨酸（%） | 0.44 | 0.47 | 0.50 | 0.46 | 0.49 | 0.48 | 0.47 |

表 3-17　7~14 周龄蛋鸡饲料配方二及营养水平

| 项目 | | 配方 8 | 配方 9 | 配方 10 | 配方 11 | 配方 12 | 配方 13 | 配方 14 |
|---|---|---|---|---|---|---|---|---|
| 原料 | 黄玉米（%） | 64.00 | 64.26 | 66.00 | 59.50 | 71.70 | 67.50 | 67.00 |
| | 小麦（%） | | | | 10.00 | | | |
| | 小麦麸（%） | 14.00 | 12.30 | 5.50 | 12.00 | 8.00 | 13.00 | 5.50 |
| | 大豆粕（%） | 16.00 | 19.20 | 9.00 | 10.20 | 12.00 | 6.90 | 9.00 |
| | 鱼粉（进口）（%） | 2.00 | | 9.00 | 5.00 | 5.00 | 6.00 | 9.00 |
| | 苜蓿草粉（%） | | | 6.50 | | | 3.90 | 6.50 |
| | 骨粉（%） | 2.10 | 2.44 | 1.00 | 1.00 | 1.00 | 1.00 | 1.00 |
| | 石粉（%） | 0.61 | 0.48 | 1.00 | 1.00 | | 0.50 | 1.00 |
| | 磷酸氢钙（无水）（%） | | | | 1.00 | 1.00 | | |

（续）

| | 项目 | 配方 8 | 配方 9 | 配方 10 | 配方 11 | 配方 12 | 配方 13 | 配方 14 |
|---|---|---|---|---|---|---|---|---|
| 原料 | 食盐（%） | 0.20 | 0.20 | | 0.30 | 0.20 | 0.20 | |
| | 蛋氨酸（%） | 0.09 | 0.12 | | | 0.10 | | |
| | 1%生长鸡预混料（%） | 1.0 | 1.0 | 1.0 | 1.0 | 1.0 | 1.0 | 1.0 |
| | 合计（%） | 100 | 100 | 100 | 100 | 100 | 100 | 100 |
| 营养水平 | 代谢能/（兆焦/千克） | 11.72 | 11.72 | 11.88 | 11.76 | 12.30 | 12.13 | 11.88 |
| | 粗蛋白质（%） | 16.00 | 16.00 | 15.80 | 15.50 | 14.06 | 16.00 | 15.80 |
| | 蛋能比 | 1.37 | 1.37 | 1.30 | 1.32 | 1.32 | 1.26 | 1.33 |
| | 粗纤维（%） | | | 4.50 | | 2.95 | 3.80 | 4.50 |
| | 钙（%） | 0.90 | 0.90 | 1.69 | 0.74 | 1.04 | 1.04 | 1.68 |
| | 有效磷（%） | 0.65 | 0.65 | 0.83 | 0.39 | 0.57 | 0.79 | 0.83 |
| | 赖氨酸（%） | 0.68 | 0.68 | 0.85 | 0.73 | 0.75 | 0.79 | 0.83 |
| | 蛋氨酸（%） | | | 0.27 | 0.28 | 0.35 | 0.29 | 0.27 |
| | 蛋氨酸+胱氨酸（%） | 0.57 | 0.57 | 0.44 | 0.49 | 0.61 | 0.48 | 0.51 |

### 表 3-18　7~14 周龄蛋鸡饲料配方三及营养水平

| | 项目 | 配方 15 | 配方 16 | 配方 17 | 配方 18 | 配方 19 | 配方 20 | 配方 21 |
|---|---|---|---|---|---|---|---|---|
| 原料 | 黄玉米（%） | 56.56 | 57.86 | 62.00 | 57.43 | 56.81 | 61.50 | 69.72 |
| | 高粱（%） | 4.00 | 3.00 | | 2.00 | 4.00 | 6.00 | |
| | 小麦麸（%） | 15.00 | 11.10 | 14.00 | 11.00 | 14.75 | 7.00 | 3.20 |
| | 大豆粕（%） | 7.00 | | 5.00 | | | 15.00 | 5.00 |
| | 菜籽粕（%） | 4.00 | 7.00 | | 7.00 | 4.00 | | |
| | 花生仁粕（%） | | | | | | | 5.00 |
| | 棉仁粕（%） | 3.00 | 6.57 | 5.00 | 6.57 | 3.00 | | 5.00 |
| | 向日葵仁粕（%） | | 6.10 | | 9.00 | 7.00 | | |
| | 鱼粉（进口）（%） | | | 5.00 | | | 3.00 | 5.00 |

（续）

| 项目 | | 配方 15 | 配方 16 | 配方 17 | 配方 18 | 配方 19 | 配方 20 | 配方 21 |
|---|---|---|---|---|---|---|---|---|
| 原料 | 苜蓿草粉（%） | 7.00 | 5.00 | | 5.00 | 7.00 | 5.20 | 4.00 |
| | 骨粉（%） | 1.00 | 1.00 | 2.00 | | 1.00 | 1.00 | 0.50 |
| | 石粉（%） | | | | 1.00 | | | |
| | 磷酸氢钙（无水）（%） | 1.00 | 1.00 | | | 1.00 | | 1.25 |
| | 贝壳粉（%） | | | 1.00 | | | | |
| | 食盐（%） | 0.25 | 0.25 | | | 0.25 | 0.25 | 0.25 |
| | 蛋氨酸（%） | 0.09 | 0.09 | | | 0.09 | 0.05 | 0.08 |
| | 赖氨酸（%） | 0.10 | 0.03 | | | 0.10 | | |
| | 1%生长鸡预混料（%） | 1.0 | 1.0 | 1.0 | 1.0 | 1.0 | 1.0 | 1.0 |
| | 合计（%） | 100 | 100 | 100 | 100 | 100 | 100 | 100 |
| 营养水平 | 代谢能/（兆焦/千克） | 11.30 | 11.30 | 11.46 | 11.92 | 11.30 | 11.92 | 12.36 |
| | 粗蛋白质（%） | 13.00 | 15.00 | 15.40 | 12.60 | 13.30 | 15.00 | 15.60 |
| | 蛋能比 | 1.15 | 1.32 | 1.34 | 1.05 | 1.15 | 1.26 | |
| | 粗纤维（%） | | 7.14 | 4.20 | 5.20 | 4.94 | 4.15 | 3.86 |
| | 钙（%） | 0.70 | 0.70 | 1.42 | 0.92 | 0.70 | 0.80 | 0.91 |
| | 有效磷（%） | 0.43 | 0.70 | 0.82 | 0.68 | 0.73 | 0.70 | 0.82 |
| | 赖氨酸（%） | 0.60 | 0.60 | 0.66 | 0.67 | 0.60 | 0.74 | 0.73 |
| | 蛋氨酸（%） | 0.27 | 0.26 | 0.27 | 0.22 | 0.27 | 0.25 | 0.25 |
| | 蛋氨酸+胱氨酸（%） | 0.50 | 0.50 | 0.53 | 0.55 | 0.42 | 0.50 | 0.48 |

**表 3-19　7~14 周龄蛋鸡饲料配方四及营养水平**

| 项目 | | 配方 22 | 配方 23 | 配方 24 | 配方 25 | 配方 26 | 配方 27 | 配方 28 |
|---|---|---|---|---|---|---|---|---|
| 原料 | 黄玉米（%） | 66.10 | 72.00 | 54.00 | 73.00 | 67.00 | 66.59 | 70.00 |
| | 小麦麸（%） | 12.00 | 11.30 | 21.00 | 1.99 | 2.00 | 11.50 | 4.00 |
| | 大豆粕（%） | 8.30 | | 18.00 | 20.50 | | 8.70 | 6.00 |

（续）

| 项目 | | 配方22 | 配方23 | 配方24 | 配方25 | 配方26 | 配方27 | 配方28 |
|---|---|---|---|---|---|---|---|---|
| 原料 | 菜籽粕（%） | 4.00 | 1.50 | | | 12.00 | | |
| | 亚麻仁粕（%） | 3.00 | 7.00 | | | 12.00 | 6.50 | 12.00 |
| | 鱼粉（进口）（%） | | 3.00 | | | | | |
| | 苜蓿草粉（%） | 3.40 | 2.00 | | | 3.80 | 3.90 | |
| | 槐叶粉（%） | 2.00 | | 4.50 | | | | 4.48 |
| | 骨粉（%） | | 1.00 | 0.10 | 2.50 | 1.00 | 1.00 | 1.00 |
| | 石粉（%） | | 1.00 | 1.10 | 0.50 | 1.00 | 0.50 | 1.00 |
| | 食盐（%） | 0.20 | 0.20 | 0.20 | 0.40 | 0.20 | 0.25 | 0.20 |
| | 蛋氨酸（%） | | 0.05 | 0.10 | 0.11 | | 0.06 | 0.12 |
| | 赖氨酸（%） | | 0.15 | | | | | 0.20 |
| | 1%生长鸡预混料（%） | 1.0 | 1.0 | 1.0 | 1.0 | 1.0 | 1.0 | 1.0 |
| | 合计（%） | 100 | 100 | 100 | 100 | 100 | 100 | 100 |
| 营养水平 | 代谢能/（兆焦/千克） | 12.18 | | 11.13 | 12.68 | 11.88 | 11.84 | 12.13 |
| | 粗蛋白质（%） | 16.00 | | 15.20 | 15.18 | 15.70 | 13.30 | 14.40 |
| | 蛋能比 | 1.26 | | 1.37 | 1.20 | 1.32 | 1.12 | 1.19 |
| | 粗纤维（%） | 4.90 | | 4.52 | 2.65 | 5.00 | 5.10 | 4.00 |
| | 钙（%） | 0.93 | | 0.78 | 0.21 | 0.21 | 0.77 | 1.02 |
| | 有效磷（%） | 0.67 | | 0.57 | 0.54 | 0.54 | 0.58 | 0.53 |
| | 赖氨酸（%） | 0.84 | | 0.73 | 0.62 | 0.62 | 0.61 | 0.70 |
| | 蛋氨酸（%） | | | 0.32 | 0.20 | 0.20 | 0.29 | 0.28 |
| | 蛋氨酸+胱氨酸（%） | | | 0.63 | 0.47 | 0.47 | 0.50 | 0.53 |

表 3-20　7~14 周龄蛋鸡饲料配方五及营养水平

| 项目 | | 配方 29 | 配方 30 | 配方 31 | 配方 32 | 配方 33 | 配方 34 | 配方 35 |
|---|---|---|---|---|---|---|---|---|
| 原料 | 黄玉米（%） | 60.00 | 72.09 | 55.30 | 65.70 | 68.92 | 59.00 | 55.81 |
| | 高粱（%） | 4.00 | | 4.00 | | | 4.53 | 4.00 |
| | 小麦麸（%） | 10.00 | | 11.00 | | 3.00 | 12.17 | 10.75 |
| | 大豆粕（%） | | 5.00 | | 18.50 | 5.00 | 5.00 | |
| | 菜籽粕（%） | 6.00 | | 5.82 | | | | 4.00 |
| | 花生仁粕（%） | | 4.70 | | | 5.00 | 6.00 | |
| | 棉仁粕（%） | 4.00 | | 4.50 | | 5.00 | | 8.00 |
| | 芝麻粕（%） | | | | | | 6.00 | |
| | 向日葵仁饼（%） | 8.00 | 15.00 | 9.00 | 10.00 | | | 7.00 |
| | 鱼粉（进口）（%） | | | | | 5.00 | 4.00 | |
| | 鱼粉（国产）（%） | | | | 3.00 | | | |
| | 苜蓿草粉（%） | 4.47 | | 7.00 | | 4.00 | | 7.00 |
| | 骨粉（%） | 1.00 | 1.50 | 1.00 | 1.50 | 0.50 | 1.00 | 1.00 |
| | 石粉（%） | | 0.34 | | | | 1.00 | |
| | 磷酸氢钙（无水）（%） | 1.00 | | 1.00 | | 1.25 | | 1.00 |
| | 食盐（%） | 0.25 | 0.30 | 0.25 | 0.30 | 1.25 | 0.25 | 0.25 |
| | 蛋氨酸（%） | 0.12 | | 0.07 | | 0.08 | 0.05 | 0.09 |
| | 赖氨酸（%） | 0.16 | 0.07 | 0.06 | | | | 0.10 |
| | 1%生长鸡预混料（%） | 1.0 | 1.0 | 1.0 | 1.0 | 1.0 | 1.0 | 1.0 |
| | 合计（%） | 100 | 100 | 100 | 100 | 100 | 100 | 100 |
| 营养水平 | 代谢能/（兆焦/千克） | 11.72 | 12.43 | 11.30 | 12.43 | 12.34 | 11.97 | 11.46 |
| | 粗蛋白质（%） | 13.40 | 14.83 | 14.00 | 18.20 | 15.60 | 16.40 | 12.90 |
| | 蛋能比 | 1.14 | 1.19 | 1.24 | 1.46 | 1.26 | 1.37 | 1.13 |
| | 粗纤维（%） | 6.09 | 4.98 | 6.77 | | | | |
| | 钙（%） | 0.70 | 0.85 | 0.72 | 0.80 | 0.91 | 0.79 | 0.71 |

（续）

| 项目 | | 配方29 | 配方30 | 配方31 | 配方32 | 配方33 | 配方34 | 配方35 |
|---|---|---|---|---|---|---|---|---|
| 营养水平 | 磷（%） | 0.73 | 0.97 | 0.74 | 0.64 | 0.82 | 0.68 | 0.73 |
| | 赖氨酸（%） | 0.66 | 0.62 | 0.60 | 0.86 | 0.71 | 0.65 | 0.60 |
| | 蛋氨酸（%） | 0.30 | 0.21 | 0.27 | 0.26 | 0.28 | | 0.27 |
| | 蛋氨酸+胱氨酸（%） | 0.55 | 0.51 | 0.50 | 0.59 | 0.48 | 0.55 | 0.49 |

表 3-21  7~14 周龄蛋鸡饲料配方六 （质量分数,%）

| 项目 | 配方36 | 配方37 | 配方38 | 配方39 | 配方40 | 配方41 | 配方42 | 配方43 | 配方44 |
|---|---|---|---|---|---|---|---|---|---|
| 黄玉米 | 60.60 | 60.09 | 66.25 | 66.45 | 65.20 | 64.00 | 62.54 | 56.00 | 62.43 |
| 小麦麸 | 17.08 | 9.16 | 9.00 | 10.50 | 7.90 | 7.00 | 11.00 | 27.10 | 9.20 |
| 大豆粕 | 15.70 | 8.00 | 10.80 | 12.00 | 2.00 | 3.00 | 5.70 | 12.00 | 5.80 |
| 棉仁粕 | | | 10.00 | 3.00 | 3.00 | 5.00 | 5.00 | | 5.80 |
| 菜籽粕 | | | | | | | | | 5.80 |
| 亚麻仁粕 | | 20.00 | | 4.00 | 3.00 | 7.00 | 3.00 | | |
| 鱼粉（进口） | 2.00 | | | | 3.80 | | | | |
| 苜蓿草粉 | | | | | 8.00 | 5.00 | 4.00 | | 6.00 |
| 槐叶粉 | | | | | 4.00 | 5.00 | 6.00 | 2.00 | |
| 磷酸氢钙（无水） | | | | | | | | | 1.81 |
| 骨粉 | 3.20 | 1.34 | 1.50 | 1.60 | 1.00 | 2.60 | 1.10 | 1.00 | 1.80 |
| 石粉 | | | 1.00 | 1.00 | | | 0.26 | 0.50 | |
| 食盐 | 0.35 | 0.35 | 0.40 | 0.25 | 0.10 | 0.40 | 0.35 | 0.40 | 0.25 |
| 蛋氨酸 | 0.07 | 0.06 | 0.05 | 0.20 | | | 0.05 | | 0.10 |
| 赖氨酸 | | | | | | | | | 0.01 |
| 1%生长鸡预混料 | 1.0 | 1.0 | 1.0 | 1.0 | 1.0 | 1.0 | 1.0 | 1.0 | 1.0 |
| 合计 | 100 | 100 | 100 | 100 | 100 | 100 | 100 | 100 | 100 |

表 3-22　9~18 周龄蛋鸡饲料配方一及营养水平

| 项目 | | 配方1 | 配方2 | 配方3 | 配方4 | 配方5 | 配方6 | 配方7 |
|---|---|---|---|---|---|---|---|---|
| 原料 | 玉米（%） | 41.00 | 37.90 | 40.03 | 38.90 | 30.00 | 69.02 | 67.21 |
| | 大麦（裸）（%） | | | | | 8.00 | | |
| | 糙米（%） | 27.14 | 31.00 | 31.00 | 30.00 | 35.00 | | |
| | 小麦麸（%） | 5.00 | 9.00 | 7.00 | 10.07 | | 7.60 | 7.69 |
| | 大豆粕（粗蛋白质47.9%） | | 10.00 | 10.00 | | 11.00 | 12.00 | 14.00 |
| | 花生仁粕（%） | | 3.00 | | | 4.00 | 1.00 | 2.00 |
| | 大豆饼（%） | 14.00 | | | 3.00 | | | |
| | 米糠粕（%） | 3.00 | | | 9.00 | | | |
| | 棉籽饼（%） | | | 3.00 | 3.00 | | | 2.00 |
| | 菜籽粕（%） | 3.00 | | | 3.00 | | | |
| | 向日葵仁粕（粗蛋白质33.5%） | | | | | | 5.00 | |
| | 苜蓿草粉（粗蛋白质17.2%） | | | 3.00 | | | 1.00 | |
| | DDGS（%） | | | | | 5.00 | 0.09 | 2.00 |
| | 鱼粉（粗蛋白质60.2%）（%） | 2.80 | 3.00 | 3.00 | 3.00 | 2.00 | 1.00 | 2.00 |
| | 磷酸氢钙（无水）（%） | 0.54 | 0.51 | 0.52 | 0.56 | 0.97 | 0.82 | 0.84 |
| | 石粉（%） | 2.00 | 1.29 | 1.07 | 1.21 | 2.00 | 1.18 | 1.00 |
| | 食盐（%） | 0.52 | 0.25 | 0.25 | 0.25 | 1.00 | 0.26 | 0.22 |
| | 蛋氨酸（%） | | 0.05 | 0.07 | | 0.03 | 0.01 | |
| | 赖氨酸（%） | | | 0.06 | 0.01 | | 0.02 | 0.04 |
| | 1%生长鸡预混料（%） | 1.00 | 1.00 | 1.00 | 1.00 | 1.00 | 1.00 | 1.00 |
| | 合计（%） | 100 | 100 | 100 | 100 | 100 | 100 | 100 |

（续）

| 项目 | | 配方1 | 配方2 | 配方3 | 配方4 | 配方5 | 配方6 | 配方7 |
|---|---|---|---|---|---|---|---|---|
| 营养水平 | 代谢能/（兆焦/千克） | 11.72 | 11.78 | 11.73 | 11.87 | 12.12 | 11.72 | 11.72 |
| | 粗蛋白质（%） | 15.71 | 15.57 | 15.50 | 15.70 | 16.14 | 15.56 | 15.50 |
| | 蛋能比 | 1.08 | 0.80 | 0.80 | 0.80 | 1.16 | 0.80 | 0.80 |
| | 粗纤维（%） | 0.35 | 0.35 | 0.37 | 0.36 | 0.43 | 0.35 | 0.39 |
| | 钙（%） | 0.26 | 0.15 | 0.15 | 0.15 | 0.48 | 0.15 | 0.15 |
| | 有效磷（%） | 0.37 | 0.22 | 0.23 | 0.21 | 0.66 | 0.21 | 0.19 |
| | 赖氨酸（%） | 0.74 | 0.71 | 0.78 | 0.68 | 0.69 | 0.68 | 0.70 |
| | 蛋氨酸（%） | 0.29 | 0.31 | 0.35 | 0.30 | 0.30 | 0.27 | 0.28 |
| | 蛋氨酸+胱氨酸（%） | 0.55 | 0.55 | 0.55 | 0.56 | 0.55 | 0.55 | 0.55 |

**表3-23 9~18周龄蛋鸡饲料配方二及营养水平**

| 项目 | | 配方8 | 配方9 | 配方10 | 配方11 | 配方12 | 配方13 | 配方14 |
|---|---|---|---|---|---|---|---|---|
| 原料 | 玉米（%） | 68.21 | 69.23 | 70.10 | 71.66 | 68.81 | 70.01 | 69.18 |
| | 小麦麸（%） | 7.27 | 7.53 | 8.00 | 2.19 | 5.59 | 3.47 | 3.24 |
| | 大豆粕（%） | 9.00 | 2.00 | | 14.00 | 13.00 | 13.00 | 13.00 |
| | 米糠粕（%） | 3.00 | | | | 3.00 | | |
| | 花生仁粕（%） | | | | | | | 3.00 |
| | 大豆饼（%） | | 14.00 | 10.50 | | | | |
| | 棉籽饼（%） | | | | 3.66 | | | |
| | 菜籽粕（%） | 3.00 | | | | | | |
| | 玉米蛋白粉（%） | | | 2.00 | | 3.00 | | |
| | 玉米胚芽饼（%） | | 2.00 | | | | 3.00 | 3.00 |
| | DDGS（%） | | | | | | | 3.00 |
| | 向日葵仁粕（%） | 4.00 | | | 5.00 | 3.00 | 3.00 | |

（续）

| | 项目 | 配方 8 | 配方 9 | 配方 10 | 配方 11 | 配方 12 | 配方 13 | 配方 14 |
|---|---|---|---|---|---|---|---|---|
| 原料 | 苜蓿草粉（%） | | | | | | 2.00 | |
| | 麦芽根（%） | | | 2.00 | | | | 2.00 |
| | 蚕豆粉浆蛋白粉（%） | 0.38 | | 2.00 | | | 2.06 | |
| | 鱼粉（粗蛋白质60.2%）（%） | 2.00 | 2.00 | 2.00 | | | | |
| | 磷酸氢钙（无水）（%） | 0.69 | 0.78 | 1.00 | 0.99 | 1.23 | 0.99 | 0.94 |
| | 石粉（%） | 1.19 | 1.15 | 1.00 | 1.18 | 1.00 | 1.13 | 1.25 |
| | 食盐（%） | 0.24 | 0.27 | 0.27 | 0.29 | 0.30 | 0.30 | 0.25 |
| | 蛋氨酸（%） | | 0.04 | 0.03 | 0.01 | | 0.04 | 0.04 |
| | 赖氨酸（%） | 0.02 | | 0.10 | 0.02 | 0.07 | | 0.10 |
| | 1%生长鸡预混料（%） | 1.00 | 1.00 | 1.00 | 1.00 | 1.00 | 1.00 | 1.00 |
| | 合计（%） | 100 | 100 | 100 | 100 | 100 | 100 | 100 |
| 营养水平 | 代谢能/（兆焦/千克） | 11.72 | 11.70 | 12.83 | 11.70 | 11.72 | 11.72 | 11.72 |
| | 粗蛋白质（%） | 15.50 | 15.55 | 15.50 | 15.50 | 15.59 | 15.50 | 15.50 |
| | 蛋能比 | 0.80 | 0.80 | 0.80 | 0.80 | 0.80 | 0.80 | 0.80 |
| | 粗纤维（%） | 0.35 | 0.37 | 0.41 | 0.35 | 0.41 | 0.35 | 0.36 |
| | 钙（%） | 0.15 | 0.15 | 0.15 | 0.15 | 0.15 | 0.15 | 0.15 |
| | 有效磷（%） | 0.20 | 0.21 | 0.22 | 0.22 | 0.22 | 0.23 | 0.22 |
| | 赖氨酸（%） | 0.68 | 0.70 | 0.76 | 0.68 | 0.68 | 0.69 | 0.71 |
| | 蛋氨酸（%） | 0.27 | 0.31 | 0.30 | 0.27 | 0.27 | 0.28 | 0.29 |
| | 蛋氨酸+胱氨酸（%） | 0.56 | 0.55 | 0.56 | 0.55 | 0.55 | 0.55 | 0.56 |

表 3-24　9~18 周龄蛋鸡饲料配方三及营养水平

| | 项目 | 配方 15 | 配方 16 | 配方 17 | 配方 18 | 配方 19 | 配方 20 |
|---|---|---|---|---|---|---|---|
| 原料 | 玉米（%） | 42.00 | 30.00 | | 42.00 | 44.50 | |
| | 大麦（裸）（%） | | 8.00 | | | | |
| | 糙米（%） | 26.81 | 34.93 | 65.51 | 26.81 | 29.81 | 68.61 |
| | 小麦麸（%） | 8.00 | | | 8.00 | 5.00 | 5.97 |
| | 大豆粕（%） | 15.00 | 15.00 | 13.00 | 15.00 | 15.50 | 14.00 |
| | 菜籽粕（%） | 3.00 | | 4.00 | 3.00 | | 2.00 |
| | 向日葵仁粕（%） | | 5.00 | 4.00 | | | 3.00 |
| | 苜蓿草粉（%） | | | | | | |
| | DDGS（%） | | 3.00 | 1.99 | | | 3.00 |
| | 鱼粉（粗蛋白质 60.2%）（%） | 1.50 | | | 1.50 | 1.50 | |
| | 磷酸氢钙（无水）（%） | 0.76 | 1.19 | 0.85 | 0.76 | 0.76 | 0.84 |
| | 石粉（%） | 1.62 | 1.00 | 1.28 | 1.62 | 1.62 | 1.27 |
| | 食盐（%） | 0.29 | 0.86 | 0.33 | 0.29 | 0.29 | 0.27 |
| | 蛋氨酸（%） | 0.02 | 0.02 | 0.04 | 0.02 | 0.02 | 0.04 |
| | 1%生长鸡预混料（%） | 1.00 | 1.00 | 1.00 | 1.00 | 1.00 | 1.00 |
| | 合计（%） | 100 | 100 | 100 | 100 | 100 | 100 |
| 营养水平 | 代谢能/（兆焦/千克） | 11.72 | 12.05 | 12.15 | 11.72 | 11.72 | 11.72 |
| | 粗蛋白质（%） | 15.50 | 15.50 | 15.63 | 15.50 | 15.50 | 15.55 |
| | 蛋能比 | 0.96 | 0.80 | 0.80 | 0.96 | 0.96 | 0.80 |
| | 粗纤维（%） | 0.35 | 0.41 | 0.35 | 0.35 | 0.35 | 0.35 |
| | 钙（%） | 0.15 | 0.37 | 0.15 | 0.15 | 0.15 | 0.15 |
| | 有效磷（%） | 0.23 | 0.56 | 0.26 | 0.23 | 0.23 | 0.22 |
| | 赖氨酸（%） | 0.73 | 0.70 | 0.72 | 0.73 | 0.73 | 0.70 |
| | 蛋氨酸（%） | 0.29 | 0.29 | 0.31 | 0.29 | 0.29 | 0.31 |
| | 蛋氨酸+胱氨酸（%） | 0.55 | 0.55 | 0.55 | 0.55 | 0.55 | 0.55 |

表 3-25  9~18 周龄蛋鸡饲料配方四及营养水平

<table>
<tr><th colspan="2">项目</th><th>配方 21</th><th>配方 22</th><th>配方 23</th><th>配方 24</th><th>配方 25</th><th>配方 26</th><th>配方 27</th></tr>
<tr><td rowspan="15">原料</td><td>高粱（%）</td><td></td><td></td><td>10.96</td><td></td><td></td><td></td><td></td></tr>
<tr><td>糙米（%）</td><td>66.94</td><td>63.20</td><td>60.57</td><td>69.12</td><td>69.00</td><td>67.82</td><td>67.78</td></tr>
<tr><td>小麦麸（%）</td><td>6.50</td><td>5.00</td><td>5.00</td><td>6.38</td><td>9.00</td><td>7.37</td><td>8.00</td></tr>
<tr><td>大麦（%）</td><td></td><td>7.82</td><td></td><td></td><td></td><td></td><td></td></tr>
<tr><td>大豆粕（%）</td><td>18.00</td><td>15.00</td><td>15.00</td><td>15.00</td><td>11.00</td><td>15.00</td><td>14.00</td></tr>
<tr><td>菜籽粕（%）</td><td>2.50</td><td>3.00</td><td>3.00</td><td></td><td></td><td></td><td></td></tr>
<tr><td>向日葵仁粕（%）</td><td></td><td></td><td></td><td>4.00</td><td></td><td>4.50</td><td></td></tr>
<tr><td>玉米蛋白粉（%）</td><td></td><td></td><td></td><td></td><td>3.00</td><td></td><td>4.00</td></tr>
<tr><td>鱼粉（粗蛋白质 60.2%）（%）</td><td>1.42</td><td>3.00</td><td>1.45</td><td>2.04</td><td>3.00</td><td>2.12</td><td>2.63</td></tr>
<tr><td>磷酸氢钙（无水）（%）</td><td>0.70</td><td>0.47</td><td>0.68</td><td>0.64</td><td>1.00</td><td>0.60</td><td>0.53</td></tr>
<tr><td>石粉（%）</td><td>2.00</td><td>1.24</td><td>2.00</td><td>1.50</td><td>2.00</td><td>1.26</td><td>1.73</td></tr>
<tr><td>食盐（%）</td><td>0.90</td><td>0.27</td><td>0.30</td><td>0.28</td><td>0.80</td><td>0.29</td><td>0.28</td></tr>
<tr><td>蛋氨酸（%）</td><td>0.04</td><td></td><td>0.04</td><td>0.04</td><td>0.10</td><td>0.04</td><td>0.05</td></tr>
<tr><td>赖氨酸（%）</td><td></td><td></td><td></td><td></td><td>0.10</td><td></td><td></td></tr>
<tr><td>1%生长鸡预混料（%）</td><td>1.00</td><td>1.00</td><td>1.00</td><td>1.00</td><td>1.00</td><td>1.00</td><td>1.00</td></tr>
<tr><td></td><td>合计（%）</td><td>100</td><td>100</td><td>100</td><td>100</td><td>100</td><td>100</td><td>100</td></tr>
<tr><td rowspan="10">营养水平</td><td>代谢能/（兆焦/千克）</td><td>11.72</td><td>11.79</td><td>11.72</td><td>11.72</td><td>12.82</td><td>11.72</td><td>11.72</td></tr>
<tr><td>粗蛋白质（%）</td><td>15.50</td><td>16.65</td><td>15.52</td><td>15.60</td><td>15.51</td><td>15.50</td><td>15.59</td></tr>
<tr><td>蛋能比</td><td>1.08</td><td>0.80</td><td>1.08</td><td>0.89</td><td>1.21</td><td>0.80</td><td>0.96</td></tr>
<tr><td>粗纤维（%）</td><td>0.35</td><td>0.35</td><td>0.35</td><td>0.35</td><td>0.45</td><td>0.35</td><td>0.35</td></tr>
<tr><td>钙（%）</td><td>0.38</td><td>0.15</td><td>0.15</td><td>0.15</td><td>0.36</td><td>0.15</td><td>0.15</td></tr>
<tr><td>有效磷（%）</td><td>0.60</td><td>0.23</td><td>0.25</td><td>0.24</td><td>0.55</td><td>0.24</td><td>0.24</td></tr>
<tr><td>赖氨酸（%）</td><td>0.76</td><td>0.84</td><td>0.75</td><td>0.77</td><td>0.82</td><td>0.79</td><td>0.78</td></tr>
<tr><td>蛋氨酸（%）</td><td>0.31</td><td>0.30</td><td>0.31</td><td>0.32</td><td>0.9</td><td>0.32</td><td>0.32</td></tr>
<tr><td>蛋氨酸+胱氨酸（%）</td><td>0.55</td><td>0.55</td><td>0.55</td><td>0.55</td><td>0.60</td><td>0.55</td><td>0.55</td></tr>
</table>

注：部分数据来源于刘月琴等的《新编蛋鸡饲料配方600例》。

表 3-26　15~20 周龄蛋鸡饲料配方一及营养水平

| | 项目 | 配方 1 | 配方 2 | 配方 3 | 配方 4 | 配方 5 | 配方 6 | 配方 7 |
|---|---|---|---|---|---|---|---|---|
| 原料 | 黄玉米（%） | 68.30 | 67.50 | 72.00 | 74.90 | 64.10 | 73.00 | 72.00 |
| | 小麦麸（%） | 15.00 | 6.30 | 10.76 | 14.00 | 15.00 | 8.00 | 9.12 |
| | 大豆粕（%） | 2.50 | 7.50 | | 0.50 | 5.00 | | |
| | 亚麻仁粕（%） | | 7.50 | 6.00 | | | 9.00 | 7.50 |
| | 鱼粉（进口）（%） | 3.00 | | 1.00 | 3.00 | 3.00 | 4.50 | |
| | 苜蓿草粉（%） | 8.00 | 7.90 | 7.00 | 4.30 | 9.60 | 3.30 | 7.90 |
| | 骨粉（%） | 1.00 | 1.00 | 1.00 | 1.00 | 2.00 | 1.00 | 1.00 |
| | 石粉/% | 1.00 | 1.00 | 1.00 | 1.00 | | | 1.00 |
| | 食盐（%） | 0.20 | 0.30 | 0.20 | 0.30 | 0.30 | 0.20 | 0.30 |
| | 蛋氨酸（%） | | | | | | | 0.08 |
| | 赖氨酸（%） | | | 0.04 | | | | 0.10 |
| | 1%生长鸡预混料（%） | 1.0 | 1.0 | 1.0 | 1.0 | 1.0 | 1.0 | 1.0 |
| | 合计（%） | 100 | 100 | 100 | 100 | 100 | 100 | 100 |
| 营养水平 | 代谢能/（兆焦/千克） | 11.76 | 11.92 | 11.84 | 12.30 | 11.05 | 12.05 | 11.72 |
| | 粗蛋白质（%） | 12.40 | 13.10 | 12.20 | 12.00 | 14.00 | 13.90 | 11.40 |
| | 蛋能比 | 1.05 | 1.10 | 1.08 | 0.99 | 1.27 | 1.15 | 0.97 |
| | 粗纤维（%） | 6.60 | 6.40 | 6.20 | | 5.60 | 5.70 | 5.70 |
| | 钙（%） | 0.90 | 0.85 | 0.86 | 0.84 | 0.95 | 0.94 | 0.90 |
| | 有效磷（%） | 0.66 | 0.59 | 0.63 | 0.58 | 0.60 | 0.70 | 0.66 |
| | 赖氨酸（%） | 0.51 | 0.51 | 0.42 | 0.48 | 0.62 | 0.52 | 0.43 |
| | 蛋氨酸（%） | 0.15 | 0.16 | 0.13 | 0.21 | 0.23 | 0.18 | 0.21 |
| | 蛋氨酸+胱氨酸（%） | 0.37 | 0.39 | 0.37 | 0.35 | 0.40 | 0.38 | 0.40 |

表 3-27　15~20 周龄蛋鸡饲料配方二及营养水平

| | 项目 | 配方 8 | 配方 9 | 配方 10 | 配方 11 | 配方 12 | 配方 13 |
|---|---|---|---|---|---|---|---|
| 原料 | 黄玉米（%） | 66.25 | 68.00 | 73.50 | 68.57 | 69.30 | 65.00 |
| | 高粱（%） | 7.00 | 7.50 | | 9.00 | 9.16 | 7.00 |
| | 大麦（%） | 5.00 | 4.50 | | 5.00 | 4.00 | 5.00 |
| | 小麦麸（%） | 4.50 | 2.00 | 9.25 | 6.20 | 1.00 | 8.00 |
| | 大豆粕（%） | 2.50 | | 2.00 | 5.30 | | 7.00 |
| | 菜籽粕（%） | 2.00 | 5.00 | | | 6.00 | |
| | 棉仁粕（%） | 2.00 | 5.00 | 2.00 | | 4.50 | |
| | 鱼粉（进口）（%） | 4.00 | 2.00 | | 1.00 | | 2.00 |
| | 苜蓿草粉（%） | 3.00 | | 9.00 | 2.00 | 2.50 | 3.00 |
| | 骨粉（%） | 1.50 | 3.00 | 1.40 | 0.07 | 0.70 | 1.50 |
| | 磷酸氢钙（无水）（%） | 1.00 | 1.50 | 1.50 | | 1.50 | |
| | 贝壳粉（%） | | | | 1.50 | | 0.25 |
| | 食盐（%） | 0.25 | 0.25 | 0.35 | 0.25 | 0.25 | 0.25 |
| | 蛋氨酸（%） | | 0.25 | | 0.02 | 0.09 | |
| | 赖氨酸（%） | | | | 0.09 | | |
| | 1%生长鸡预混料（%） | 1.0 | 1.0 | 1.0 | 1.0 | 1.0 | 1.0 |
| | 合计（%） | 100 | 100 | 100 | 100 | 100 | 100 |
| 营养水平 | 代谢能/(兆焦/千克) | 11.72 | 11.72 | 12.00 | 11.69 | 11.05 | 11.67 |
| | 粗蛋白质（%） | 12.50 | 12.00 | 10.90 | 11.30 | 12.25 | 12.00 |
| | 蛋能比 | 1.07 | 1.02 | 0.91 | 0.97 | 1.11 | 1.03 |
| | 粗纤维（%） | 3.40 | 3.00 | 4.60 | 3.60 | | 3.40 |
| | 钙（%） | 0.87 | 0.69 | 0.79 | 0.68 | 0.72 | 0.66 |
| | 有效磷（%） | 0.80 | 0.40 | 0.75 | 0.71 | 0.52 | 0.63 |
| | 赖氨酸（%） | 0.51 | 0.45 | 0.41 | 0.49 | 0.49 | 0.32 |
| | 蛋氨酸（%） | | | 0.22 | 0.22 | 0.22 | |
| | 蛋氨酸+胱氨酸（%） | 0.50 | 0.45 | 0.38 | 0.30 | 0.47 | 0.33 |

表 3-28　15~20 周龄蛋鸡饲料配方三及营养水平

| | 项目 | 配方 14 | 配方 15 | 配方 16 | 配方 17 | 配方 18 | 配方 19 | 配方 20 |
|---|---|---|---|---|---|---|---|---|
| 原料 | 黄玉米（%） | 56.60 | 53.20 | 56.60 | 55.20 | 64.20 | 68.50 | 64.10 |
| | 高粱（%） | | | | 8.00 | | | |
| | 大麦（%） | | 5.00 | | 10.00 | 2.00 | | |
| | 小麦（%） | 7.00 | | 7.00 | | | | |
| | 小麦麸（%） | 8.00 | 9.00 | 8.00 | 10.00 | 10.00 | 16.80 | 15.00 |
| | 大豆粕（%） | 15.00 | 6.00 | 15.00 | 7.50 | 6.00 | 8.00 | 5.00 |
| | 鱼粉（进口）（%） | 5.00 | 3.00 | 5.00 | 5.50 | 4.00 | 4.00 | 3.00 |
| | 苜蓿草粉（%） | | | | | | | 9.60 |
| | 槐叶粉（%） | | 10.00 | | | 10.00 | | |
| | 骨粉（%） | 0.50 | 2.00 | 0.50 | 1.50 | 2.00 | 1.00 | 1.00 |
| | 石粉（%） | | | | 1.00 | 0.50 | 0.50 | 1.00 |
| | 贝壳粉（%） | 6.50 | 0.50 | 6.50 | | | | |
| | 食盐（%） | 0.40 | 0.30 | 0.40 | 0.30 | 0.30 | 0.20 | 0.30 |
| | 1%生长鸡预混料（%） | 1.0 | 1.0 | 1.0 | 1.0 | 1.0 | 1.0 | 1.0 |
| | 合计（%） | 100 | 100 | 100 | 100 | 100 | 100 | 100 |
| 营养水平 | 代谢能/（兆焦/千克） | 11.55 | 11.51 | 11.55 | 11.92 | 11.30 | 12.05 | 11.06 |
| | 粗蛋白质（%） | 14.32 | 13.99 | 14.30 | 15.00 | 14.00 | 13.20 | 14.00 |
| | 蛋能比 | 1.24 | 1.21 | 1.24 | 1.26 | 1.24 | 1.10 | 1.27 |
| | 粗纤维（%） | | 3.90 | 3.00 | 3.20 | 3.70 | 3.50 | 5.60 |
| | 钙（%） | 0.86 | 1.01 | 0.86 | 1.02 | 1.35 | 0.84 | 0.95 |
| | 有效磷（%） | 0.37 | 0.68 | 0.55 | 0.70 | 0.72 | 0.68 | 0.60 |
| | 赖氨酸（%） | 0.64 | 0.64 | 0.64 | 0.74 | 0.63 | 0.61 | 0.62 |
| | 蛋氨酸（%） | 0.21 | 0.26 | 0.21 | 0.30 | 0.22 | 0.19 | 0.23 |
| | 蛋氨酸+胱氨酸（%） | 0.41 | 0.24 | 0.20 | 0.22 | 0.22 | 0.23 | 0.27 |

表 3-29　15~20 周龄蛋鸡饲料配方四及营养水平

| 项目 | | 配方 21 | 配方 22 | 配方 23 | 配方 24 | 配方 25 | 配方 26 | 配方 27 |
|---|---|---|---|---|---|---|---|---|
| 原料 | 黄玉米（%） | 71.66 | 58.30 | 74.00 | 62.50 | 70.00 | 68.37 | 58.01 |
| | 高粱（%） | | | | | | | 4.00 |
| | 小麦麸（%） | | 21.00 | 7.00 | 17.00 | 8.10 | 21.00 | 18.21 |
| | 大豆粕（%） | 9.00 | 15.00 | | 7.00 | | | 3.00 |
| | 菜籽粕（%） | | | | | | 5.00 | 5.00 |
| | 花生仁粕（%） | | | 7.00 | | | | |
| | 亚麻仁粕（%） | | | | | 9.00 | | |
| | 向日葵仁饼（%） | 14.54 | | | | | | 3.00 |
| | 鱼粉（进口）（%） | 2.00 | 1.00 | 2.00 | 2.00 | 4.50 | 2.00 | |
| | 血粉（%） | | 0.80 | | | | | |
| | 苜蓿草粉（%） | | | 7.00 | | 5.20 | | 5.00 |
| | 槐叶粉（%） | | | | 8.00 | | | |
| | 骨粉（%） | 1.50 | 2.00 | 0.25 | 1.00 | 1.00 | 1.50 | 1.50 |
| | 石粉（%） | | 0.50 | | 1.20 | 1.00 | | |
| | 磷酸氢钙（无水）（%） | | | 1.50 | | | 1.00 | 1.00 |
| | 食盐（%） | 0.30 | 0.40 | 0.25 | 0.30 | 0.20 | | 0.25 |
| | 蛋氨酸（%） | | | | | | | 0.03 |
| | 赖氨酸（%） | | | | | | 0.13 | |
| | 1%生长鸡预混料（%） | 1.0 | 1.0 | 1.0 | 1.0 | 1.0 | 1.0 | 1.0 |
| | 合计（%） | 100 | 100 | 100 | 100 | 100 | 100 | 100 |
| 营养水平 | 代谢能/（兆焦/千克） | 12.43 | 11.39 | 12.26 | 11.38 | 12.05 | 11.63 | 11.46 |
| | 粗蛋白质（%） | 15.70 | 14.70 | 12.00 | 12.00 | 13.90 | 11.50 | 12.30 |
| | 蛋能比 | 1.26 | 1.29 | 0.98 | 1.05 | 1.15 | 0.99 | 1.07 |
| | 粗纤维（%） | 4.80 | 4.00 | 4.10 | 4.20 | 5.70 | 3.90 | 5.80 |

（续）

| 项目 | | 配方 21 | 配方 22 | 配方 23 | 配方 24 | 配方 25 | 配方 26 | 配方 27 |
|---|---|---|---|---|---|---|---|---|
| 营养水平 | 钙（%） | 0.74 | 1.05 | 0.73 | 1.17 | 0.94 | 1.07 | 0.67 |
| | 有效磷（%） | 0.63 | 0.78 | 0.74 | 0.64 | 0.70 | 0.73 | 0.74 |
| | 赖氨酸（%） | 0.65 | 0.61 | 0.49 | 0.64 | 0.52 | 0.43 | 0.46 |
| | 蛋氨酸（%） | 0.23 | 0.22 | 0.24 | 0.20 | 0.18 | 0.20 | 0.20 |
| | 蛋氨酸+胱氨酸（%） | 0.53 | 0.52 | 0.41 | 0.43 | 0.38 | 0.40 | 0.42 |

表 3-30　15～20 周龄蛋鸡饲料配方五及营养水平

| 项目 | | 配方 28 | 配方 29 | 配方 30 | 配方 31 | 配方 32 | 配方 33 | 配方 34 | 配方 35 | 配方 36 |
|---|---|---|---|---|---|---|---|---|---|---|
| 原料 | 黄玉米（%） | 73.60 | 63.60 | 66.00 | 62.12 | 72.00 | 71.00 | 60.80 | 58.0 | 62.65 |
| | 大麦（%） | | | 7.00 | | | | | | |
| | 小麦麸（%） | | 19.00 | 9.00 | 22.30 | | 6.94 | 22.09 | 35.20 | 20.10 |
| | 大豆粕（%） | 4.30 | 3.50 | | 4.90 | 9.30 | 2.40 | | 2.00 | 4.63 |
| | 菜籽粕（%） | | | 6.00 | | | | | | 2.63 |
| | 花生仁粕（%） | 6.50 | | 2.00 | | 14.10 | 2.30 | | | 4.00 |
| | 棉仁粕（%） | | 10.00 | 6.00 | | | 2.30 | | | 2.63 |
| | 亚麻仁粕（%） | | | | | | 3.00 | 14.00 | | |
| | 向日葵仁饼（%） | 13.00 | | | | | | | | |
| | 鱼粉（进口）（%） | | | | | | 2.00 | | | |
| | 鱼粉（国产）（%） | | | | 5.00 | 2.00 | | | | |

（续）

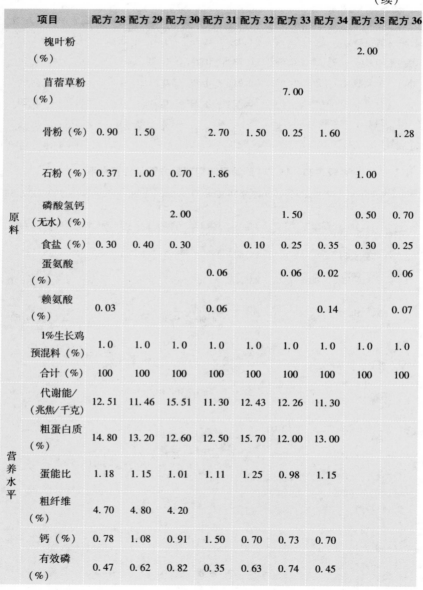

| | 项目 | 配方 28 | 配方 29 | 配方 30 | 配方 31 | 配方 32 | 配方 33 | 配方 34 | 配方 35 | 配方 36 |
|---|---|---|---|---|---|---|---|---|---|---|
| 原料 | 槐叶粉（%） | | | | | | | | 2.00 | |
| | 苜蓿草粉（%） | | | | | | 7.00 | | | |
| | 骨粉（%） | 0.90 | 1.50 | | 2.70 | 1.50 | 0.25 | 1.60 | | 1.28 |
| | 石粉（%） | 0.37 | 1.00 | 0.70 | 1.86 | | | | 1.00 | |
| | 磷酸氢钙（无水）（%） | | | 2.00 | | | 1.50 | | 0.50 | 0.70 |
| | 食盐（%） | 0.30 | 0.40 | 0.30 | | 0.10 | 0.25 | 0.35 | 0.30 | 0.25 |
| | 蛋氨酸（%） | | | | 0.06 | | 0.06 | 0.02 | | 0.06 |
| | 赖氨酸（%） | 0.03 | | | 0.06 | | | 0.14 | | 0.07 |
| | 1%生长鸡预混料（%） | 1.0 | 1.0 | 1.0 | 1.0 | 1.0 | 1.0 | 1.0 | 1.0 | 1.0 |
| | 合计（%） | 100 | 100 | 100 | 100 | 100 | 100 | 100 | 100 | 100 |
| 营养水平 | 代谢能/（兆焦/千克） | 12.51 | 11.46 | 15.51 | 11.30 | 12.43 | 12.26 | 11.30 | | |
| | 粗蛋白质（%） | 14.80 | 13.20 | 12.60 | 12.50 | 15.70 | 12.00 | 13.00 | | |
| | 蛋能比 | 1.18 | 1.15 | 1.01 | 1.11 | 1.25 | 0.98 | 1.15 | | |
| | 粗纤维（%） | 4.70 | 4.80 | 4.20 | | | | | | |
| | 钙（%） | 0.78 | 1.08 | 0.91 | 1.50 | 0.70 | 0.73 | 0.70 | | |
| | 有效磷（%） | 0.47 | 0.62 | 0.82 | 0.35 | 0.63 | 0.74 | 0.45 | | |

（续）

| 项目 | | 配方 28 | 配方 29 | 配方 30 | 配方 31 | 配方 32 | 配方 33 | 配方 34 | 配方 35 | 配方 36 |
|---|---|---|---|---|---|---|---|---|---|---|
| 营养水平 | 赖氨酸（%） | 0.57 | 0.48 | 0.45 | 0.50 | 0.65 | 0.49 | 0.51 | | |
| | 蛋氨酸（%） | 0.20 | 0.17 | 0.22 | | | 0.23 | 0.24 | | |
| | 蛋氨酸+胱氨酸（%） | 0.49 | 0.38 | 0.42 | | | 0.53 | 0.41 | 0.43 | |

# 第二节　产蛋期饲料配方

## 一、预混料配方

### 1. 维生素预混料配方

产蛋期蛋鸡维生素预混料配方见表 3-31。

#### 表 3-31　产蛋期蛋鸡维生素预混料配方

（单位：毫克）

| 原料及规格 | 0.4%维生素预混料 | | | | 0.5%维生素预混料 | | | |
|---|---|---|---|---|---|---|---|---|
| | 高峰期 | | 高峰后 | | 高峰期 | | 高峰后 | |
| | 配方 1 | 配方 2 | 配方 1 | 配方 2 | 配方 1 | 配方 2 | 配方 1 | 配方 2 |
| 维生素 A（50 万国际单位/克） | 18.24 | 18.16 | 18.08 | 18.08 | 18.32 | 18.40 | 18.24 | 18.08 |
| 维生素 D（50 万国际单位/克） | 3.65 | 3.68 | 3.65 | 3.82 | 3.66 | 3.68 | 3.65 | 3.45 |
| 维生素 E（50%） | 15.4 | 15.2 | 15.2 | 15.2 | 15.9 | 15.8 | 15.6 | 15.2 |
| 维生素 K（50%） | 1.28 | 1.28 | 1.27 | 1.26 | 1.29 | 1.28 | 1.29 | 1.27 |
| 维生素 $B_1$（88%） | 1.50 | 1.42 | 1.50 | 1.46 | 1.50 | 1.52 | 1.48 | 1.50 |
| 维生素 $B_2$（96%） | 3.69 | 3.60 | 3.65 | 3.62 | 3.79 | 3.73 | 3.52 | 3.65 |
| 泛酸（90%） | 5.67 | 5.56 | 5.11 | 5.44 | 5.56 | 5.67 | 5.00 | 5.11 |

（续）

| 原料及规格 | 0.4%维生素预混料 | | | | 0.5%维生素预混料 | | | |
| --- | --- | --- | --- | --- | --- | --- | --- | --- |
| | 高峰期 | | 高峰后 | | 高峰期 | | 高峰后 | |
| | 配方1 | 配方2 | 配方1 | 配方2 | 配方1 | 配方2 | 配方1 | 配方2 |
| 烟酸（99%） | 28.69 | 28.99 | 28.08 | 28.39 | 28.99 | 28.69 | 27.47 | 28.08 |
| 维生素B$_6$（80%） | 4.84 | 4.76 | 4.80 | 4.80 | 4.80 | 4.84 | 4.69 | 4.80 |
| 维生素B$_{12}$（1%） | 0.69 | 0.64 | 0.64 | 0.66 | 0.68 | 0.67 | 0.68 | 0.64 |
| 叶酸（80%） | 0.51 | 0.51 | 0.48 | 0.51 | 0.51 | 0.51 | 0.49 | 0.48 |
| 抗氧化剂 | 0.14 | 0.16 | 0.14 | 0.16 | 0.20 | 0.20 | 0.20 | 0.20 |
| 载体 | 315.70 | 316.04 | 317.40 | 316.60 | 414.80 | 418.74 | 417.69 | 417.54 |
| 合计 | 400 | 400 | 400 | 400 | 500 | 500 | 500 | 500 |

## 2. 微量元素预混料配方

产蛋期蛋鸡微量元素预混料配方见表3-32。

### 表3-32 产蛋期蛋鸡微量元素预混料配方

（单位：毫克）

| 原料 | 高峰期 | | 高峰后 | | 种用鸡 | |
| --- | --- | --- | --- | --- | --- | --- |
| | 0.4%微量元素预混料 | 0.5%微量元素预混料 | 0.4%微量元素预混料 | 0.5%微量元素预混料 | 1%微量元素预混料 | 4%微量元素预混料 |
| 七水硫酸亚铁 | 81250 | 66000 | 77500 | 62000 | 55000 | 35200 |
| 五水硫酸铜 | 7950 | 6800 | 7825 | 6560 | 6250 | 4000 |
| 一水硫酸锰 | 50850 | 44744 | 50850 | 42664 | 53500 | 34000 |
| 一水硫酸锌 | 56350 | 49600 | 56350 | 46200 | 45050 | 28800 |
| 亚硒酸钠（1%） | 16650 | 14240 | 16750 | 13280 | 17750 | 11360 |
| 碘化钾（1%） | 12700 | 10640 | 12750 | 10160 | 13450 | 8560 |
| 载体 | 774250 | 807976 | 777975 | 819136 | 809000 | 878080 |
| 合计 | 1000000 | 1000000 | 1000000 | 1000000 | 1000000 | 1000000 |

## 3. 复合预混料配方

产蛋期蛋鸡复合预混料配方见表3-33。

表 3-33  产蛋期蛋鸡复合预混料配方

（单位：毫克）

| 原料及规格 | 高峰期 | | 高峰后 | | 种用鸡 | |
|---|---|---|---|---|---|---|
| | 1%复合<br>预混料 | 4%复合<br>预混料 | 1%复合<br>预混料 | 4%复合<br>预混料 | 1%复合<br>预混料 | 4%复合<br>预混料 |
| 七水硫酸亚铁 | 32500 | 8250 | 31000 | 7750 | 22000 | 4400 |
| 五水硫酸铜 | 3180 | 850 | 3170 | 820 | 2500 | 500 |
| 一水硫酸锰 | 20340 | 5593 | 20340 | 5333 | 21400 | 4250 |
| 一水硫酸锌 | 22540 | 6200 | 22540 | 5775 | 18020 | 3600 |
| 亚硒酸钠（1%） | 6660 | 1780 | 6700 | 1660 | 7110 | 1420 |
| 碘化钾（1%） | 5080 | 1330 | 5100 | 1270 | 5380 | 1070 |
| 维生素 A（50 万<br>国际单位/克） | 2400 | 600 | 2400 | 600 | 3000 | 600 |
| 维生素 D（50 万<br>国际单位/克） | 400 | 100 | 400 | 100 | 520 | 104 |
| 维生素 E（50%） | 1200 | 270 | 1200 | 250 | 2400 | 480 |
| 维生素 K（50%） | 300 | 100 | 300 | 75 | 800 | 160 |
| 维生素 $B_1$（80%） | 100 | 25 | 100 | 25 | 105 | 21 |
| 维生素 $B_2$（96%） | 280 | 65 | 280 | 65 | 420 | 85 |
| 泛酸（90%） | 270 | 65 | 290 | 60 | 1175 | 235 |
| 烟酸（99%） | 2200 | 560 | 2200 | 505 | 3330 | 667 |
| 维生素 $B_6$（80%） | 380 | 95 | 380 | 95 | 600 | 120 |
| 维生素 $B_{12}$（1%） | 40 | 10 | 40 | 10 | 400 | 80 |
| 叶酸（80%） | 30 | 7 | 30 | 7 | 40 | 8 |
| 抗氧化剂 | 300 | 300 | 300 | 300 | 300 | 300 |
| 载体 | 901800 | 973800 | 903230 | 975300 | 910500 | 981900 |
| 合计 | 1000000 | 1000000 | 1000000 | 1000000 | 1000000 | 1000000 |

二、浓缩饲料配方

产蛋期蛋鸡的浓缩饲料配方、营养水平及饲喂方式见表 3-34 ~
表 3-36。

表 3-34　蛋鸡 19 周龄至开产浓缩饲料配方、营养水平及饲喂方式

| | 项目 | 配方 1 | 配方 2 | 配方 3 | 配方 4 | 配方 5 | 配方 6 | 配方 7 |
|---|---|---|---|---|---|---|---|---|
| 原料 | 玉米（粗蛋白质 8.7%）（%） | 0.59 | | 0.51 | 0.23 | 2.14 | 3.20 | 0.44 |
| | 大豆粕（粗蛋白质 44.2%）（%） | 59.26 | 54.79 | 58.62 | 58.23 | 51.71 | 56.66 | 47.75 |
| | 棉籽粕（%） | | 20.69 | 13.79 | 10.00 | 13.33 | | 10.00 |
| | 菜籽粕（%） | | | 10.34 | 13.33 | 13.33 | 16.67 | 9.06 |
| | 花生仁粕（%） | | | | 6.67 | | | 3.33 |
| | 亚麻仁粕（%） | | | | | 6.67 | | |
| | 向日葵仁粕（%） | | | | | | | 6.67 |
| | 鱼粉（粗蛋白质 60.2%）（%） | 17.28 | 6.43 | 3.15 | | 1.59 | 7.40 | 6.26 |
| | 苜蓿草粉（粗蛋白质 17.2%）（%） | 13.84 | 6.90 | 3.55 | 2.42 | | 8.28 | 6.67 |
| | 棉籽蛋白（%） | 1.54 | 1.72 | | | 2.29 | | |
| | 葵花油（%） | | 0.96 | 1.05 | | | | 1.67 |
| | 磷酸氢钙（无水）（%） | 1.50 | 1.92 | 2.33 | 2.60 | 2.36 | 2.01 | 1.97 |
| | 石粉（%） | 1.35 | 2.01 | 2.03 | 1.97 | 2.09 | 1.47 | 1.84 |
| | 食盐（%） | 0.70 | 0.90 | 0.97 | 1.00 | 0.97 | 0.82 | 0.83 |
| | 蛋氨酸（%） | 0.24 | 0.23 | 0.21 | 0.22 | 0.19 | 0.16 | 0.18 |
| | 1%预混料（%） | 3.70 | 3.45 | 3.45 | 3.33 | 3.33 | 3.33 | 3.33 |
| | 合计（%） | 100 | 100 | 100 | 100 | 100 | 100 | 100 |
| 营养水平 | 代谢能/（兆焦/千克） | 8.72 | 8.82 | 8.82 | 8.58 | 8.53 | 8.53 | 8.90 |
| | 粗蛋白质（%） | 39.95 | 39.29 | 38.58 | 38.98 | 38.54 | 37.73 | 37.85 |
| | 钙（%） | 2.04 | 1.90 | 1.90 | 1.84 | 1.84 | 1.84 | 1.84 |
| | 非植酸磷（%） | 0.99 | 0.82 | 0.82 | 0.80 | 0.80 | 0.85 | 0.79 |
| | 钠（%） | 0.49 | 0.46 | 0.16 | 0.45 | 0.45 | 0.45 | 0.44 |

（续）

| 项目 | | 配方1 | 配方2 | 配方3 | 配方4 | 配方5 | 配方6 | 配方7 |
|---|---|---|---|---|---|---|---|---|
| 营养水平 | 氯（%） | 0.62 | 0.65 | 0.67 | 0.67 | 0.65 | 0.63 | 0.61 |
| | 赖氨酸（%） | 2.55 | 2.27 | 2.16 | 2.04 | 2.03 | 2.16 | 2.07 |
| | 蛋氨酸（%） | 0.90 | 0.80 | 0.76 | 0.74 | 0.74 | 0.74 | 0.75 |
| | 总含硫氨基酸（%） | 1.40 | 1.33 | 1.35 | 1.33 | 1.30 | 1.31 | 1.30 |
| 饲喂方式 | 玉米（%） | 66 | 65 | 65 | 66 | 66 | 66 | 64 |
| | 麦麸（%） | 3 | 2 | 2 | | 4 | | 2 |
| | 石粉（%） | 4 | 4 | 4 | 4 | | 4 | 4 |
| | 浓缩饲料（%） | 27 | 29 | 29 | 30 | 30 | 30 | 30 |

**表 3-35　蛋鸡产蛋高峰期浓缩饲料配方、营养水平及饲喂方式**

| 项目 | | 配方1 | 配方2 | 配方3 | 配方4 | 配方5 | 配方6 | 配方7 |
|---|---|---|---|---|---|---|---|---|
| 原料 | 玉米（粗蛋白质8.7%）（%） | 1.45 | 0.21 | 0.96 | 0.69 | 0.64 | 0.96 | |
| | 大豆粕（粗蛋白质44.2%）（%） | 71.79 | 52.69 | 36.53 | 29.20 | 26.24 | 32.43 | 11.86 |
| | 棉籽粕（%） | | 24.00 | | 20.00 | 16.00 | 16.00 | 20.00 |
| | 菜籽粕（%） | | | 24.00 | 8.00 | 5.64 | 16.00 | 9.18 |
| | 花生仁粕（%） | | | | 7.32 | | | 5.42 |
| | 亚麻仁粕（%） | | | | | 12.00 | | |
| | 向日葵仁粕（%） | | | | | | | 16.00 |
| | 鱼粉（粗蛋白质60.2%）（%） | 16.75 | 14.83 | 21.47 | 16.76 | 15.56 | 18.12 | 24.97 |
| | 肉骨粉（%） | | | | | 8.00 | 4.00 | |
| | 棉籽蛋白（%） | | | 8.00 | 8.00 | 8.00 | 4.00 | 4.00 |
| | 磷酸氢钙（无水）（%） | 2.92 | 2.88 | 2.17 | 2.60 | 1.16 | 1.67 | 1.49 |
| | 石粉（%） | 1.92 | 0.18 | 1.86 | 2.17 | 1.48 | 1.71 | 2.24 |
| | 食盐（%） | 0.84 | 0.89 | 0.71 | 0.83 | 0.84 | 0.80 | 0.57 |

（续）

| | 项目 | 配方1 | 配方2 | 配方3 | 配方4 | 配方5 | 配方6 | 配方7 |
|---|---|---|---|---|---|---|---|---|
| 原料 | 蛋氨酸（%） | 0.33 | 0.32 | 0.30 | 0.43 | 0.44 | 0.31 | 0.27 |
| | 1%预混料（%） | 4.00 | 4.00 | 4.00 | 4.00 | 4.00 | 4.00 | 4.00 |
| | 合计（%） | 100 | 100 | 100 | 100 | 100 | 100 | 100 |
| 营养水平 | 代谢能/（兆焦/千克） | 9.40 | 9.13 | 8.86 | 8.86 | 8.96 | 8.86 | 8.80 |
| | 粗蛋白质（%） | 42.12 | 42.88 | 42.68 | 42.68 | 42.68 | 42.68 | 42.68 |
| | 钙（%） | 2.47 | 1.76 | 2.48 | 2.49 | 2.48 | 2.48 | 2.48 |
| | 非植酸磷（%） | 1.28 | 1.25 | 1.28 | 1.25 | 1.29 | 1.27 | 1.23 |
| | 钠（%） | 0.52 | 0.53 | 0.55 | 0.53 | 0.53 | 0.53 | 0.53 |
| | 氯（%） | 0.65 | 0.57 | 0.61 | 0.64 | 0.68 | 0.66 | 0.54 |
| | 赖氨酸（%） | 2.72 | 2.59 | 2.49 | 2.36 | 2.36 | 2.44 | 2.36 |
| | 蛋氨酸（%） | 1.02 | 1.00 | 1.09 | 1.14 | 1.15 | 1.05 | 1.09 |
| | 总含硫氨基酸（%） | 1.58 | 1.59 | 1.58 | 1.58 | 1.58 | 1.58 | 1.58 |
| 饲喂方式 | 玉米（%） | 65.0 | 66.5 | 67.0 | 67.0 | 67.0 | 67.0 | 67.0 |
| | 麦麸（%） | 2.0 | | | | 8.0 | | |
| | 石粉（%） | 8.0 | 8.5 | 8.0 | 8.0 | | 8.0 | 8.0 |
| | 浓缩饲料（%） | 25 | 25 | 25 | 25 | 25 | 25 | 25 |

**表3-36 蛋鸡产蛋高峰后浓缩饲料配方、营养水平及饲喂方式**

| | 项目 | 配方1 | 配方2 | 配方3 | 配方4 | 配方5 | 配方6 | 配方7 |
|---|---|---|---|---|---|---|---|---|
| 原料 | 玉米（粗蛋白质8.7%）（%） | 1.00 | 1.17 | 1.81 | 1.27 | 1.34 | 1.44 | 1.97 |
| | 小麦麸（%） | | | 1.31 | 3.10 | | | |
| | 大豆粕（粗蛋白质44.2%）（%） | 65.12 | 53.96 | 66.53 | 60.29 | 24.76 | 27.62 | 13.56 |
| | 棉籽粕（%） | | 15.38 | | 20.00 | 20.83 | 16.67 | 16.00 |
| | 菜籽粕（%） | | 11.54 | 17.30 | | 12.50 | 12.50 | 12.00 |

（续）

| 项目 | | 配方 1 | 配方 2 | 配方 3 | 配方 4 | 配方 5 | 配方 6 | 配方 7 |
|---|---|---|---|---|---|---|---|---|
| 原料 | 花生仁粕（%） | | | | | | 6.25 | 4.00 |
| | 亚麻仁粕（%） | | | | | 8.36 | | 12.00 |
| | 向日葵仁粕（%） | | | | | | | 21.04 |
| | 鱼粉（粗蛋白质60.2%）（%） | | 3.19 | | | 16.63 | 17.35 | 1.20 |
| | 肉骨粉（%） | 4.00 | | 1.92 | 4.00 | 2.00 | | 10.00 |
| | 苜蓿草粉（粗蛋白质17.2%）（%） | 6.79 | 3.85 | | | 4.17 | 8.33 | |
| | 棉籽蛋白（%） | 11.93 | | | | | | |
| | 磷酸氢钙（无水）（%） | 4.10 | 3.90 | 3.85 | 3.52 | 2.20 | 2.80 | 1.88 |
| | 石粉（%） | 1.49 | 2.07 | 2.02 | 2.29 | 2.06 | 1.89 | 1.65 |
| | 食盐（%） | 1.23 | 1.09 | 1.16 | 1.23 | 0.84 | 0.82 | 0.63 |
| | 蛋氨酸（%） | 0.34 | | 0.25 | 0.30 | 0.14 | 0.16 | 0.07 |
| | 1%预混料（%） | 4.00 | 3.85 | 3.85 | 4.00 | 4.17 | 4.17 | 4.00 |
| | 合计（%） | 100 | 100 | 100 | 100 | 100 | 100 | 100 |
| 营养水平 | 代谢能/（兆焦/千克） | 8.38 | 8.23 | 8.40 | 8.50 | 8.35 | 8.36 | 8.29 |
| | 粗蛋白质（%） | 38.68 | 37.80 | 37.56 | 38.12 | 39.68 | 39.37 | 38.83 |
| | 钙（%） | 2.48 | 2.38 | 2.39 | 2.47 | 2.57 | 2.57 | 2.47 |
| | 非植酸磷（%） | 1.27 | 1.16 | 1.14 | 1.16 | 1.27 | 1.31 | 1.25 |
| | 钠（%） | 0.53 | 0.51 | 0.51 | 0.52 | 0.54 | 0.54 | 0.53 |
| | 氯（%） | 0.84 | 0.74 | 0.77 | 0.81 | 0.56 | 0.68 | 0.61 |
| | 赖氨酸（%） | 2.20 | 2.08 | 2.07 | 2.13 | 2.21 | 2.21 | 2.14 |
| | 蛋氨酸（%） | 0.87 | 0.77 | 0.78 | 0.80 | 0.83 | 0.82 | 0.81 |
| | 总含硫氨基酸（%） | 1.22 | 1.35 | 1.37 | 1.35 | 1.39 | 1.36 | 1.31 |

（续）

| 项目 | | 配方1 | 配方2 | 配方3 | 配方4 | 配方5 | 配方6 | 配方7 |
|---|---|---|---|---|---|---|---|---|
| 饲喂方式 | 玉米（%） | 67 | 66 | 65 | 65 | 66 | 66 | 66 |
| | 麦麸（%） | | 8 | 1 | 2 | 2 | 2 | 2 |
| | 石粉（%） | 8 | | 8 | 8 | 8 | 8 | 8 |
| | 浓缩饲料（%） | 28 | 26 | 26 | 25 | 24 | 24 | 24 |

### 三、全价配合饲料配方

**1. 蛋鸡19（或20）周龄至开产的饲料配方**

蛋鸡19（或20）周龄至开产的饲料配方及营养水平见表3-37~表3-44。

**表3-37　蛋鸡19（或20）周龄至开产的饲料配方一及营养水平**

| 项目 | | 配方1 | 配方2 | 配方3 | 配方4 | 配方5 | 配方6 | 配方7 |
|---|---|---|---|---|---|---|---|---|
| 原料 | 黄玉米（%） | 66.00 | 67.50 | 72.00 | 65.00 | 65.80 | 66.00 | 66.00 |
| | 小麦麸（%） | 2.80 | 4.80 | 5.30 | 6.40 | 3.60 | 5.00 | 5.00 |
| | 大豆粕（%） | 10.00 | | | 8.00 | 9.30 | 5.30 | 5.30 |
| | 亚麻仁粕（%） | 9.50 | 9.50 | 7.00 | | 10.00 | | 6.50 |
| | 鱼粉（进口）（%） | | 6.50 | 3.00 | 6.50 | | 6.50 | |
| | 苜蓿草粉（%） | 2.00 | 2.00 | 3.00 | 4.90 | 2.00 | 7.40 | 7.40 |
| | 骨粉（%） | 1.00 | 1.00 | 1.00 | 1.00 | 1.00 | 1.50 | 1.50 |
| | 石粉（%） | 7.50 | 7.50 | 8.00 | 7.00 | 7.00 | 7.00 | 7.00 |
| | 食盐（%） | 0.20 | 0.20 | 0.20 | 0.20 | 0.30 | 0.30 | 0.30 |
| | 1%生长鸡预混料（%） | 1.0 | 1.0 | 1.0 | 1.0 | 1.0 | 1.0 | 1.0 |
| | 合计（%） | 100 | 100 | 100 | 100 | 100 | 100 | 100 |
| 营养水平 | 代谢能/（兆焦/千克） | 11.38 | 11.30 | 11.38 | 11.38 | 11.42 | 11.38 | 11.17 |
| | 粗蛋白质（%） | 12.40 | 14.30 | 11.60 | 14.10 | 13.60 | 14.50 | 12.10 |
| | 粗纤维（%） | 3.40 | 3.80 | 4.10 | 3.80 | 3.70 | 4.40 | 5.40 |

（续）

| 项目 | | 配方1 | 配方2 | 配方3 | 配方4 | 配方5 | 配方6 | 配方7 |
|---|---|---|---|---|---|---|---|---|
| 营养水平 | 钙（%） | 2.59 | 3.38 | 3.39 | 3.30 | 2.92 | 3.60 | 3.20 |
| | 有效磷（%） | 0.63 | 0.90 | 0.76 | 0.66 | 0.50 | 1.05 | 0.83 |
| | 赖氨酸（%） | 0.39 | 0.56 | 0.46 | 0.69 | 0.53 | 0.77 | 0.51 |
| | 蛋氨酸（%） | 0.13 | 0.17 | 0.16 | 0.22 | 0.17 | 0.28 | 0.28 |
| | 蛋氨酸+胱氨酸（%） | 0.37 | 0.42 | 0.37 | 0.46 | 0.40 | 0.49 | 0.46 |

**表 3-38　蛋鸡 19（或 20）周龄至开产的饲料配方二及营养水平**

| 项目 | | 配方8 | 配方9 | 配方10 | 配方11 | 配方12 | 配方13 | 配方14 |
|---|---|---|---|---|---|---|---|---|
| 原料 | 黄玉米（%） | 66.00 | 60.00 | 62.25 | 71.00 | 66.50 | 62.00 | 71.50 |
| | 高粱（%） | | 3.00 | | | | | |
| | 小麦麸（%） | 8.80 | 2.75 | 3.00 | 3.90 | 13.15 | 4.00 | 8.45 |
| | 大豆粕（%） | 7.50 | 7.00 | 8.00 | | 3.50 | 18.00 | 5.00 |
| | 菜籽粕（%） | | 6.00 | 4.00 | | | 4.00 | 5.00 |
| | 棉仁粕（%） | | 7.00 | | | | 3.00 | |
| | 亚麻仁粕（%） | | | | 12.00 | | | |
| | 鱼粉（进口）（%） | 5.00 | 2.00 | 6.00 | | 5.00 | | 0.60 |
| | 苜蓿草粉（%） | 3.00 | 3.00 | 1.50 | 3.00 | 2.50 | | |
| | 槐叶粉（%） | | | 4.00 | 3.00 | | | |
| | 骨粉（%） | 1.00 | 2.00 | 2.00 | 1.50 | 1.00 | 1.70 | 1.00 |
| | 石粉（%） | 7.50 | 2.00 | 5.00 | 7.00 | 7.00 | | 7.00 |
| | 食盐（%） | 0.20 | 0.25 | 0.25 | 0.30 | 0.35 | 6.00 | 0.30 |
| | 蛋氨酸（%） | | | | 0.13 | | 0.25 | 0.09 |
| | 赖氨酸（%） | | | | 0.17 | | 0.05 | 0.06 |
| | 1%生长鸡预混料（%） | 1.0 | 1.0 | 1.0 | 1.0 | 1.0 | 1.0 | 1.0 |
| | 合计（%） | 100 | 100 | 100 | 100 | 100 | 100 | 100 |

（续）

| 项目 | | 配方 8 | 配方 9 | 配方 10 | 配方 11 | 配方 12 | 配方 13 | 配方 14 |
|---|---|---|---|---|---|---|---|---|
| 营养水平 | 代谢能/（兆焦/千克） | 11.59 | 11.54 | 11.30 | 11.38 | 11.67 | 11.38 | 11.72 |
| | 粗蛋白质（%） | 13.90 | 16.00 | 15.50 | 11.10 | 13.70 | 15.00 | 12.00 |
| | 粗纤维（%） | 4.50 | 3.70 | 3.30 | 4.10 | 4.20 | 3.20 | 3.10 |
| | 钙（%） | 3.38 | 2.50 | 3.05 | 2.95 | 3.21 | 3.87 | 2.91 |
| | 有效磷（%） | 0.87 | 0.46 | 0.52 | 0.49 | 0.85 | 0.58 | 0.56 |
| | 赖氨酸（%） | 0.03 | 0.70 | 0.75 | 0.57 | 0.63 | 0.69 | 0.56 |
| | 蛋氨酸（%） | 0.15 | 0.30 | | 0.27 | 0.24 | 0.27 | 0.26 |
| | 蛋氨酸+胱氨酸（%） | 0.40 | 0.53 | 0.55 | 0.47 | 0.40 | 0.54 | 0.49 |

表 3-39　蛋鸡 19（或 20）周龄至开产的饲料配方三及营养水平

| 项目 | | 配方 15 | 配方 16 | 配方 17 | 配方 18 | 配方 19 | 配方 20 | 配方 21 |
|---|---|---|---|---|---|---|---|---|
| 原料 | 黄玉米（%） | 61.00 | 56.70 | 63.10 | 62.20 | 66.00 | 62.00 | 63.00 |
| | 高粱（%） | 3.50 | 4.00 | | | | | |
| | 大麦（%） | | 15.00 | | 3.00 | | | |
| | 小麦麸（%） | 7.00 | | 9.00 | 3.10 | 5.80 | 2.00 | 2.00 |
| | 大豆粕（%） | 14.00 | 9.00 | 5.00 | 8.40 | 7.50 | 9.00 | 9.00 |
| | 鱼粉（进口）（%） | 5.00 | 5.50 | 5.00 | 8.00 | 5.00 | 8.00 | 8.20 |
| | 苜蓿草粉（%） | | | 4.30 | 3.00 | 3.00 | 4.00 | 3.80 |
| | 槐叶粉（%） | | | 4.30 | 3.00 | 3.00 | 4.80 | 3.80 |
| | 骨粉（%） | 1.00 | 2.50 | 1.00 | 1.00 | 1.00 | 1.00 | 1.00 |
| | 石粉（%） | 7.40 | | 7.00 | 7.00 | 7.50 | 8.00 | 8.00 |
| | 贝壳粉（%） | | 6.00 | | | | | |
| | 食盐（%） | | 0.30 | 0.30 | 0.30 | 0.20 | 0.20 | 0.20 |
| | 蛋氨酸（%） | 0.10 | | | | | | |
| | 1%生长鸡预混料（%） | 1.0 | 1.0 | 1.0 | 1.0 | 1.0 | 1.0 | 1.0 |
| | 合计（%） | 100 | 100 | 100 | 100 | 100 | 100 | 100 |

（续）

| 项目 | | 配方 15 | 配方 16 | 配方 17 | 配方 18 | 配方 19 | 配方 20 | 配方 21 |
|---|---|---|---|---|---|---|---|---|
| 营养水平 | 代谢能/（兆焦/千克） | 11.30 | 11.46 | 11.67 | 11.92 | 11.54 | 11.59 | 11.59 |
| | 粗蛋白质（%） | 13.70 | 15.00 | 14.00 | 16.40 | 13.90 | 15.30 | 14.40 |
| | 粗纤维（%） | 2.80 | 2.50 | 4.30 | 3.90 | 4.50 | 3.60 | 3.60 |
| | 钙（%） | 2.91 | 3.26 | 3.13 | 3.50 | 3.33 | 3.54 | 3.54 |
| | 有效磷（%） | 0.52 | 0.80 | 0.75 | 0.85 | 0.87 | 0.74 | 0.74 |
| | 赖氨酸（%） | 0.77 | 0.77 | 0.67 | 0.90 | 0.63 | 0.75 | 0.75 |
| | 蛋氨酸（%） | 0.35 | 0.30 | 0.25 | 0.34 | 0.16 | 0.21 | 0.21 |
| | 蛋氨酸+胱氨酸（%） | 0.60 | 0.54 | 0.41 | 0.52 | 0.40 | 0.45 | 0.45 |

**表 3-40　蛋鸡 19（或 20）周龄至开产的饲料配方四及营养水平**

| 项目 | | 配方 22 | 配方 23 | 配方 24 | 配方 25 | 配方 26 | 配方 27 | 配方 28 | 配方 29 |
|---|---|---|---|---|---|---|---|---|---|
| 原料 | 黄玉米（%） | 65.00 | 65.00 | 69.42 | 70.14 | 59.00 | 67.00 | 71.13 | 69.20 |
| | 小麦麸（%） | 7.00 | 2.00 | 1.50 | 4.20 | 8.90 | 5.27 | 6.00 | 3.00 |
| | 大豆粕（%） | 8.00 | 9.50 | 5.00 | | | | | |
| | 亚麻仁粕（%） | | | 12.00 | 12.00 | | 9.50 | 7.00 | 12.00 |
| | 向日葵仁粕（%） | | | | | 21.50 | | | |
| | 鱼粉（进口）（%） | 6.50 | | | | | 6.50 | 3.00 | 4.00 |
| | 鱼粉（国产）（%） | | 11.00 | | | | | | |
| | 苜蓿草粉（%） | 4.30 | 3.00 | 2.00 | 3.50 | | 2.00 | 3.00 | 2.00 |
| | 骨粉（%） | 1.00 | 1.00 | 1.00 | 1.50 | 1.37 | 1.00 | 1.00 | 1.00 |
| | 石粉（%） | 7.00 | 7.50 | 7.50 | 7.00 | 7.75 | 7.50 | 7.50 | 7.50 |
| | 食盐（%） | 0.20 | | 0.30 | 0.30 | 0.30 | 0.20 | 0.20 | |
| | 蛋氨酸（%） | | | 0.08 | 0.13 | 0.18 | 0.03 | 0.05 | 0.10 |
| | 赖氨酸（%） | | | 0.20 | 0.23 | | | 0.12 | 0.20 |
| | 1%生长鸡预混料（%） | 1.0 | 1.0 | 1.0 | 1.0 | 1.0 | 1.0 | 1.0 | 1.0 |
| | 合计（%） | 100 | 100 | 100 | 100 | 100 | 100 | 100 | 100 |

（续）

| 项目 | | 配方22 | 配方23 | 配方24 | 配方25 | 配方26 | 配方27 | 配方28 | 配方29 |
|---|---|---|---|---|---|---|---|---|---|
| 营养水平 | 代谢能/(兆焦/千克) | 11.38 | 11.63 | 11.51 | 11.38 | 10.29 | 11.30 | 11.38 | 11.76 |
| | 粗蛋白质（%） | 14.10 | 15.90 | 12.90 | 11.10 | 13.40 | 14.30 | 11.60 | 13.00 |
| | 粗纤维（%） | 3.80 | 3.10 | 3.60 | 4.10 | 6.90 | 3.80 | 4.10 | 4.80 |
| | 钙（%） | 3.30 | 3.70 | 3.11 | 2.95 | 3.34 | 3.38 | 3.39 | 3.16 |
| | 有效磷（%） | 0.66 | 0.76 | 0.78 | 0.49 | 0.60 | 0.90 | 0.76 | 0.77 |
| | 赖氨酸（%） | 0.69 | 0.69 | 0.69 | 0.57 | 0.46 | 0.56 | 0.45 | 0.66 |
| | 蛋氨酸（%） | 0.22 | 0.41 | 0.34 | 0.27 | 0.41 | 0.20 | 0.16 | 0.21 |
| | 蛋氨酸+胱氨酸（%） | 0.67 | 0.64 | 0.57 | 0.20 | 0.29 | 0.45 | 0.21 | 0.43 |

表3-41　蛋鸡19（或20）周龄至开产的饲料配方五及营养水平

| 项目 | | 配方30 | 配方31 | 配方32 | 配方33 | 配方34 | 配方35 | 配方36 | 配方37 |
|---|---|---|---|---|---|---|---|---|---|
| 原料 | 玉米（%） | 59.11 | 59.90 | 60.89 | 64.98 | 62.97 | | 60.30 | 62.52 |
| | 高粱（%） | 10.00 | | | | 3.06 | 5.80 | | |
| | 小麦麸（%） | | | | 3.88 | | | 5.77 | 6.35 |
| | 大麦（裸）（%） | | 7.00 | 7.00 | | | | | |
| | 糙米（%） | | | | | | 56.00 | | |
| | 麦芽根（%） | | | | | 2.00 | | | |
| | 米糠饼（%） | | 5.00 | | | | | | |
| | 大豆粕（粗蛋白质47.9%）（%） | 14.00 | 15.00 | 15.00 | 15.00 | 20.00 | | | |
| | 棉籽饼（%） | 3.00 | | | | | | | |
| | 向日葵仁粕（粗蛋白质33.5%）（%） | 3.00 | | | 4.00 | 3.00 | 12.00 | 12.00 | 9.00 |
| | 菜籽粕（%） | 1.00 | 3.00 | | 3.00 | | | | 3.00 |
| | 花生仁粕（%） | | | | | | | | 4.00 |
| | 玉米蛋白粉（%） | 3.00 | | 3.87 | | 2.00 | 8.00 | 7.00 | 5.00 |
| | DDGS（%） | | | | | | 5.00 | 4.00 | |

（续）

| 项目 | | 配方 30 | 配方 31 | 配方 32 | 配方 33 | 配方 34 | 配方 35 | 配方 36 | 配方 37 |
|---|---|---|---|---|---|---|---|---|---|
| 原料 | 苜蓿草粉（%） | | | 4.00 | | | | | |
| | 鱼粉（粗蛋白质60.2%）（%） | | 4.00 | 3.00 | 3.00 | | 5.00 | 5.00 | 4.00 |
| | 磷酸氢钙（无水）（%） | 0.87 | 0.24 | 0.60 | 0.40 | 0.82 | 2.00 | 0.72 | 0.85 |
| | 石粉（%） | 4.62 | 4.47 | 4.23 | 4.49 | 4.64 | 4.00 | 4.00 | 4.00 |
| | 食盐（%） | 0.30 | 0.19 | 0.21 | 0.21 | 0.31 | 1.00 | 0.11 | 0.15 |
| | 蛋氨酸（%） | 0.10 | 0.10 | 0.10 | 0.04 | 0.10 | 0.10 | | 0.03 |
| | 赖氨酸（%） | | 0.10 | 0.10 | | 0.10 | 0.10 | 0.10 | 0.10 |
| | 1%蛋鸡预混料（%） | 1.00 | 1.00 | 1.00 | 1.00 | 1.00 | 1.00 | 1.00 | 1.00 |
| | 合计（%） | 100 | 100 | 100 | 100 | 100 | 100 | 100 | 100 |
| 营养水平 | 代谢能/（兆焦/千克） | 11.77 | 11.65 | 11.59 | 11.50 | 11.50 | 11.66 | 11.50 | 11.80 |
| | 粗蛋白质（%） | 17.00 | 16.90 | 17.00 | 17.02 | 16.88 | 17.29 | 17.00 | 17.00 |
| | 钙（%） | 2.00 | 2.00 | 2.00 | 2.00 | 2.00 | 2.39 | 2.00 | 2.00 |
| | 有效磷（%） | 0.32 | 0.32 | 0.36 | 0.32 | 0.32 | 0.74 | 0.45 | 0.45 |
| | 赖氨酸（%） | 0.79 | 0.88 | 0.88 | 0.79 | 0.84 | 0.68 | 0.66 | 0.65 |
| | 蛋氨酸（%） | 0.38 | 0.39 | 0.40 | 0.34 | 0.38 | 0.48 | 0.36 | 0.36 |
| | 蛋氨酸+胱氨酸（%） | 0.64 | 0.69 | 0.68 | 0.64 | 0.66 | 0.72 | 0.65 | 0.64 |

表 3-42　蛋鸡 19（或 20）周龄至开产的饲料配方六及营养水平

| 项目 | | 配方 38 | 配方 39 | 配方 40 | 配方 41 | 配方 42 | 配方 43 | 配方 44 | 配方 45 |
|---|---|---|---|---|---|---|---|---|---|
| 原料 | 玉米（%） | 33.04 | 40.00 | 35.00 | 40.00 | 31.76 | | | |
| | 高粱（%） | | | 7.62 | | | | 10.00 | |
| | 大麦（裸）（%） | | 10.00 | | | | | | |
| | 糙米（%） | 30.00 | 18.63 | 25.00 | 20.00 | 30.00 | 61.68 | 58.66 | 58.18 |

蛋鸡实用饲料
配方手册
122

（续）

|  | 项目 | 配方38 | 配方39 | 配方40 | 配方41 | 配方42 | 配方43 | 配方44 | 配方45 |
|---|---|---|---|---|---|---|---|---|---|
| 原料 | 米糠饼（%） |  |  |  | 4.00 |  |  |  |  |
|  | 小麦麸（%） | 7.00 |  |  | 3.93 | 7.00 | 10.00 |  | 9.00 |
|  | 大豆粕（%） | 16.00 | 15.00 | 16.00 | 17.00 | 15.00 | 15.00 | 16.00 | 16.00 |
|  | 玉米蛋白粉（%） |  |  |  |  | 4.00 |  |  |  |
|  | DDGS（%） | 4.65 |  |  |  |  |  |  |  |
|  | 花生仁粕（%） |  | 4.00 | 4.00 | 3.03 |  |  | 5.00 | 3.00 |
|  | 菜籽粕（%） |  |  |  |  |  | 3.00 |  | 3.00 |
|  | 玉米胚芽饼（%） |  | 3.00 | 3.00 | 3.00 |  |  |  |  |
|  | 苜蓿草粉（%） |  |  |  |  | 3.00 |  |  |  |
|  | 鱼粉（粗蛋白质60.2%）（%） | 3.00 | 3.00 | 3.00 | 3.00 | 3.00 | 4.00 | 4.00 | 4.00 |
|  | 磷酸氢钙（无水）（%） | 1.07 | 1.05 | 1.05 | 0.84 | 0.92 | 1.99 | 0.79 | 2.00 |
|  | 石粉（%） | 4.00 | 4.00 | 4.00 | 4.00 | 4.00 | 3.00 | 4.00 | 3.00 |
|  | 食盐（%） | 0.15 | 0.23 | 0.24 | 0.20 | 0.23 | 0.21 | 0.47 | 0.63 |
|  | 蛋氨酸（%） | 0.09 | 0.09 | 0.09 | 0.07 | 0.07 | 0.09 | 0.08 | 0.09 |
|  | 赖氨酸（%） |  |  |  |  | 0.02 | 0.03 |  | 0.10 |
|  | 1%蛋鸡预混料（%） | 1.00 | 1.00 | 1.00 | 1.00 | 1.00 | 1.00 | 1.00 | 1.00 |
|  | 合计（%） | 100 | 100 | 100 | 100 | 100 | 100 | 100 | 100 |
| 营养水平 | 代谢能/（兆焦/千克） | 11.66 | 11.76 | 11.90 | 11.59 | 11.52 | 11.59 | 21.09 | 11.51 |
|  | 粗蛋白质（%） | 17.10 | 17.12 | 17.08 | 17.00 | 17.00 | 17.00 | 17.00 | 17.15 |
|  | 钙（%） | 2.00 | 2.00 | 2.00 | 2.00 | 2.00 | 2.00 | 2.00 | 1.90 |
|  | 有效磷（%） | 0.48 | 0.48 | 0.47 | 0.46 | 0.44 | 0.72 | 0.46 | 0.72 |
|  | 赖氨酸（%） | 0.83 | 0.79 | 0.80 | 0.86 | 0.79 | 0.87 | 0.86 | 0.97 |
|  | 蛋氨酸（%） | 0.38 | 0.37 | 0.38 | 0.37 | 0.37 | 0.38 | 0.40 | 0.87 |
|  | 蛋氨酸+胱氨酸（%） | 0.64 | 0.64 | 0.64 | 0.64 | 0.64 | 0.64 | 0.64 | 0.64 |

**表 3-43　蛋鸡 19（或 20）周龄至开产的饲料配方七及营养水平**

| 项目 | | 配方 46 | 配方 47 | 配方 48 | 配方 49 | 配方 50 | 配方 51 | 配方 52 | 配方 53 |
|---|---|---|---|---|---|---|---|---|---|
| 原料 | 玉米（%） | 63.56 | 54.85 | 62.63 | 59.37 | 51.50 | 51.00 | | |
| | 小麦（%） | | | | 6.00 | | 4.00 | 52.00 | 61.00 |
| | 大麦（裸）（%） | | 7.00 | | | | | | |
| | 米糠饼（%） | | | 3.00 | | | | | |
| | 小麦麸（%） | 8.00 | 8.00 | 4.00 | 3.00 | | | 3.00 | |
| | 向日葵仁粕（%） | | 9.00 | | | | | | |
| | 大豆粕（%） | 16.00 | | 16.95 | 11.36 | 31.00 | 24.00 | 26.10 | 17.10 |
| | 玉米蛋白粉（%） | | 5.00 | | 3.00 | | | | |
| | 花生仁粕（%） | | 3.00 | 2.00 | | | | | |
| | 菜籽粕（%） | 3.00 | 3.00 | 2.00 | | | | | |
| | 棉籽粕（%） | | | | 3.00 | | | | |
| | 鱼粉（粗蛋白质60.2%）（%） | 3.00 | 4.00 | 2.89 | 5.00 | | | | |
| | 肉粉（%） | | | | | | 7.00 | | 7.00 |
| | 油脂（%） | | | | | 4.50 | 3.10 | 6.00 | 4.00 |
| | 磷酸氢钙（无水）（%） | 1.00 | 0.83 | 0.55 | 0.33 | 1.57 | 0.29 | 1.44 | 0.15 |
| | 石粉（%） | 4.00 | 4.00 | 4.63 | 7.65 | 9.95 | 9.23 | 10.00 | 9.40 |
| | 食盐（%） | 0.25 | 0.17 | 0.30 | 0.19 | 0.36 | 0.26 | 0.30 | 0.20 |
| | 蛋氨酸（%） | 0.09 | 0.06 | 0.05 | 0.10 | 0.12 | 0.12 | 0.16 | 0.15 |
| | 赖氨酸（%） | 0.10 | 0.09 | | | | | | |
| | 1%蛋鸡预混料（%） | 1.00 | 1.00 | 1.00 | 1.00 | 1.00 | 1.00 | 1.00 | 1.00 |
| | 合计（%） | 100 | 100 | 100 | 100 | 100 | 100 | 100 | 100 |
| 营养水平 | 代谢能/（兆焦/千克） | 11.87 | 11.52 | 11.51 | 11.51 | 12.12 | 12.12 | 12.12 | 12.12 |
| | 粗蛋白质（%） | 17.00 | 17.00 | 17.39 | 17.82 | 20.00 | 20.00 | 20.00 | 20.00 |
| | 钙（%） | 2.00 | 2.00 | 0.32 | 0.34 | 4.20 | 4.20 | 4.20 | 4.20 |

（续）

| | 项目 | 配方 46 | 配方 47 | 配方 48 | 配方 49 | 配方 50 | 配方 51 | 配方 52 | 配方 53 |
|---|---|---|---|---|---|---|---|---|---|
| 营养水平 | 有效磷（%） | 0.47 | 0.47 | 0.17 | 0.15 | 0.50 | 0.50 | 0.50 | 0.50 |
| | 赖氨酸（%） | 0.89 | 0.70 | 0.84 | 0.84 | 1.14 | 1.15 | 0.45 | 0.45 |
| | 蛋氨酸（%） | 0.39 | 0.39 | 0.35 | 0.44 | 0.45 | 0.45 | 1.12 | 1.05 |
| | 蛋氨酸+胱氨酸（%） | 0.64 | 0.64 | 0.64 | 0.73 | 0.76 | 0.75 | 0.77 | 0.76 |

表 3-44　蛋鸡 19（或 20）周龄至开产的饲料配方八

（质量分数,%）

| 原料 | 配方 54 | 配方 55 | 配方 56 | 配方 57 | 配方 58 | 配方 59 | 配方 60 | 配方 61 | 配方 62 |
|---|---|---|---|---|---|---|---|---|---|
| 黄玉米 | 58.00 | 69.02 | 66.30 | 61.89 | 61.69 | 65.40 | 47.20 | 65.00 | 70.71 |
| 高粱 | 4.00 | | | | | | 7.00 | | |
| 大麦 | | | | | | | 12.00 | | |
| 小麦麸 | 3.22 | 2.55 | 5.50 | 3.38 | 1.77 | 6.00 | 7.00 | 9.70 | |
| 大豆粕 | | 5.00 | 5.60 | 20.63 | 24.07 | 14.00 | 10.00 | 12.45 | 6.50 |
| 菜籽粕 | 8.00 | | | | | | | | 3.30 |
| 棉仁粕 | 5.00 | | | | | | | | 3.30 |
| 亚麻仁粕 | | 12.00 | 6.50 | | | | | | |
| 向日葵仁粕 | 12.40 | | | | | | | | |
| 鱼粉（进口） | | | | 2.00 | | 5.00 | 8.00 | 2.50 | 5.78 |
| 苜蓿草粉 | | 1.70 | 6.40 | | | | | | 2.00 |
| 骨粉 | 2.50 | 1.00 | 1.00 | 2.20 | 2.67 | 1.00 | 1.50 | 1.50 | 0.80 |
| 石粉 | 5.50 | 7.50 | 7.50 | 8.40 | 8.28 | 7.50 | 6.00 | 7.00 | 6.18 |
| 食盐 | 0.25 | | | 0.36 | 0.36 | | 0.30 | 0.30 | 0.37 |
| 砂砾 | | | | | | | | 0.50 | |
| 蛋氨酸 | 0.04 | 0.08 | 0.10 | 0.14 | 0.16 | 0.10 | | 0.05 | 0.06 |
| 赖氨酸 | 0.09 | 0.15 | 0.10 | | | | | | |
| 1%蛋鸡预混料 | 1.0 | 1.0 | 1.0 | 1.0 | 1.0 | 1.0 | 1.0 | 1.0 | 1.0 |
| 合计 | 100 | 100 | 100 | 100 | 100 | 100 | 100 | 100 | 100 |

## 2. 蛋鸡开产至高峰期的饲料配方

蛋鸡开产至高峰期的饲料配方及营养水平见表 3-45 ~ 表 3-53。

**表 3-45　蛋鸡开产至产蛋高峰的饲料配方一及营养水平**

| | 项目 | 配方 1 | 配方 2 | 配方 3 | 配方 4 | 配方 5 | 配方 6 | 配方 7 | 配方 8 |
|---|---|---|---|---|---|---|---|---|---|
| 原料 | 玉米（%） | 64.40 | 62.20 | 64.59 | 64.86 | 64.67 | 60.82 | 61.67 | 67.00 |
| | 小麦麸（%） | 0.55 | 0.40 | | 0.70 | 0.37 | 6.15 | 6.00 | 1.60 |
| | 米糠饼（%） | | 5.00 | | | | 6.00 | | |
| | 大豆粕（%） | 12.00 | 15.00 | 18.00 | 13.89 | 16.00 | 2.99 | 15.00 | 11.22 |
| | 菜籽粕（%） | 3.00 | | | | | 3.00 | 4.00 | 3.00 |
| | 麦芽根（%） | | | 1.28 | | | | | |
| | 花生仁粕（%） | | 3.00 | | | | | 3.00 | 3.00 |
| | 向日葵仁粕（%） | 3.00 | | | | | | | |
| | 玉米胚芽饼（%） | | | 1.65 | | | | | |
| | DDGS（%） | | | | 3.00 | | | | |
| | 啤酒酵母（%） | | | | 4.00 | | | | |
| | 玉米蛋白粉（%） | 3.00 | | | | 3.00 | | | |
| | 鱼粉（粗蛋白质60.2%）（%） | 3.62 | 4.00 | 4.00 | 3.00 | 2.24 | 7.00 | 6.00 | 5.00 |
| | 磷酸氢钙（无水）（%） | 1.13 | 1.08 | 1.09 | 1.31 | 1.39 | | 2.50 | 0.96 |
| | 石粉（%） | 8.00 | 8.00 | 8.00 | 8.00 | 8.00 | 8.81 | 7.00 | 6.75 |
| | 食盐（%） | 0.19 | 0.19 | 0.20 | 0.15 | 0.24 | 0.13 | 0.30 | 0.37 |
| | 砂砾（%） | | | | | | | 0.50 | |
| | 蛋氨酸（%） | 0.06 | 0.10 | 0.09 | 0.09 | 0.07 | 0.10 | 0.03 | 0.10 |
| | 赖氨酸（%） | 0.05 | 0.03 | 0.10 | | 0.02 | | | |
| | 1%蛋鸡预混料（%） | 1.00 | 1.00 | 1.00 | 1.00 | 1.00 | 1.00 | 1.00 | 1.00 |
| | 合计（%） | 100 | 100 | 100 | 100 | 100 | 100 | 100 | 100 |

（续）

| 项目 | | 配方 1 | 配方 2 | 配方 3 | 配方 4 | 配方 5 | 配方 6 | 配方 7 | 配方 8 |
|---|---|---|---|---|---|---|---|---|---|
| 营养水平 | 代谢能/（兆焦/千克） | 11.30 | 11.30 | 11.30 | 11.30 | 11.30 | 11.09 | | |
| | 粗蛋白质（%） | 16.50 | 16.50 | 16.50 | 16.50 | 16.50 | 15.50 | | |
| | 钙（%） | 3.50 | 3.50 | 3.50 | 3.50 | 3.50 | 3.50 | | |
| | 磷（%） | 0.49 | 0.49 | 0.49 | 0.50 | 0.50 | 0.33 | | |
| | 钠（%） | 0.15 | 0.15 | 0.15 | 0.15 | 0.15 | 0.15 | | |
| | 氯（%） | 0.18 | 0.18 | 0.19 | 0.16 | 0.20 | 0.15 | | |
| | 赖氨酸（%） | 0.75 | 0.80 | 0.90 | 0.80 | 0.75 | 0.72 | | |
| | 蛋氨酸（%） | 0.38 | 0.38 | 0.37 | 0.38 | 0.36 | 0.40 | | |
| | 总含硫氨基酸（%） | 0.66 | 0.65 | 0.65 | 0.66 | 0.66 | 0.66 | | |

表 3-46  蛋鸡开产至产蛋高峰的饲料配方二及营养水平

| 项目 | | 配方 9 | 配方 10 | 配方 11 | 配方 12 | 配方 13 | 配方 14 | 配方 15 |
|---|---|---|---|---|---|---|---|---|
| 原料 | 玉米（%） | 33.72 | 32.95 | 33.27 | 31.38 | | | |
| | 高粱（%） | | | | | 5.72 | 4.07 | 3.96 |
| | 糙米（%） | 30.00 | 30.00 | 30.00 | 30.00 | 56.00 | 58.00 | 58.00 |
| | 小麦麸（%） | 2.56 | 4.36 | 1.30 | 4.42 | 4.75 | 5.00 | 2.40 |
| | 米糠饼（%） | | | | | | | 4.00 |
| | 蚕豆粉浆蛋白粉（%） | | | | | | 3.00 | |
| | 大豆粕（%） | 16.00 | 16.00 | 17.00 | 17.00 | 13.98 | 14.00 | 15.00 |
| | 玉米蛋白粉（%） | | | | 5.00 | 3.00 | | |
| | 花生仁粕（%） | | 3.00 | | | | | |
| | 向日葵仁粕（%） | | | 5.00 | | | | |
| | 菜籽粕（%） | 3.00 | | | | 3.00 | | |
| | 鱼粉（国产）（%） | 4.00 | 3.00 | 2.83 | 1.18 | 3.00 | 3.00 | 3.00 |
| | DDGS（%） | | | | | | | 3.00 |

（续）

| 项目 | | 配方 9 | 配方 10 | 配方 11 | 配方 12 | 配方 13 | 配方 14 | 配方 15 |
|---|---|---|---|---|---|---|---|---|
| 原料 | 苜蓿草粉（%） | | | | | | 2.43 | |
| | 磷酸氢钙（无水）（%） | 1.00 | 1.26 | 1.29 | 1.62 | 1.21 | 1.16 | 1.26 |
| | 石粉（%） | 8.00 | 8.00 | 8.00 | 8.00 | 8.00 | 8.00 | 8.00 |
| | 食盐（%） | 0.52 | 0.23 | 0.22 | 0.29 | 0.24 | 0.24 | 0.18 |
| | 蛋氨酸（%） | 0.10 | 0.10 | 0.09 | 0.09 | 0.10 | 0.10 | 0.10 |
| | 赖氨酸（%） | 0.10 | 0.10 | | 0.02 | | | 0.10 |
| | 1%蛋鸡预混料（%） | 1.00 | 1.00 | 1.00 | 1.00 | 1.00 | 1.00 | 1.00 |
| | 合计（%） | 100 | 100 | 100 | 100 | 100 | 100 | 100 |
| 营养水平 | 代谢能/(兆焦/千克) | 11.30 | 11.30 | 11.30 | 11.30 | 11.30 | 11.30 | 11.30 |
| | 粗蛋白质（%） | 16.50 | 16.46 | 16.50 | 16.50 | 16.52 | 16.51 | 15.60 |
| | 钙（%） | 3.49 | 3.50 | 3.50 | 3.50 | 3.50 | 3.50 | 3.50 |
| | 磷（%） | 0.48 | 0.51 | 0.50 | 0.53 | 0.51 | 0.49 | 0.52 |
| | 钠（%） | 0.27 | 0.15 | 0.15 | 0.15 | 0.15 | 0.15 | 0.15 |
| | 氯（%） | 0.38 | 0.21 | 0.20 | 0.23 | 0.22 | 0.23 | 0.18 |
| | 赖氨酸（%） | 0.89 | 0.87 | 0.80 | 0.75 | 0.77 | 0.87 | 0.85 |
| | 蛋氨酸（%） | 0.39 | 0.37 | 0.39 | 0.38 | 0.40 | 0.38 | 0.38 |
| | 总含硫氨基酸（%） | 0.66 | 0.62 | 0.65 | 0.65 | 0.65 | 0.60 | 0.51 |

表 3-47　蛋鸡开产至产蛋高峰的饲料配方三及营养水平

| 项目 | | 配方 16 | 配方 17 | 配方 18 | 配方 19 | 配方 20 | 配方 21 |
|---|---|---|---|---|---|---|---|
| 原料 | 玉米（%） | | | | | | 60.70 |
| | 小麦（%） | | | | | | 6.89 |
| | 糙米（%） | 62.0 | 61.36 | 61.20 | 60.20 | 60.70 | |
| | 小麦麸（%） | 4.45 | 8.00 | 4.19 | 6.66 | 3.38 | 2.75 |
| | 蚕豆粉浆蛋白粉（%） | | 3.00 | | | | |
| | 大豆粕（%） | 17.00 | 14.00 | 13.00 | 16.00 | 11.90 | 12.88 |

（续）

| | 项目 | 配方16 | 配方17 | 配方18 | 配方19 | 配方20 | 配方21 |
|---|---|---|---|---|---|---|---|
| 原料 | 玉米蛋白粉（%） | | | | | 4.71 | |
| | 向日葵仁粕（%） | | | 5.00 | | 5.00 | |
| | 菜籽粕（%） | 3.00 | | | 3.00 | 3.00 | 2.00 |
| | 花生仁粕（%） | | | | | | 1.00 |
| | 鱼粉（国产）（%） | 3.00 | 3.00 | 3.00 | 4.00 | | 3.00 |
| | DDGS（%） | | | 3.00 | | | |
| | 磷酸氢钙（无水）（%） | 1.20 | 1.29 | 1.24 | 1.00 | 1.81 | 0.81 |
| | 石粉（%） | 8.00 | 8.00 | 8.00 | 8.00 | 8.00 | 8.54 |
| | 食盐（%） | 0.25 | 0.25 | 0.23 | | 0.31 | 0.23 |
| | 蛋氨酸（%） | 0.10 | 0.10 | 0.10 | 0.10 | 0.09 | 0.10 |
| | 赖氨酸（%） | | | 0.04 | 0.04 | 0.10 | 0.10 |
| | 1%蛋鸡预混料（%） | 1.00 | 1.00 | 1.00 | 1.00 | 1.00 | 1.0 |
| | 合计（%） | 100 | 100 | 100 | 100 | 100 | 100 |
| 营养水平 | 代谢能/（兆焦/千克） | 11.30 | 11.39 | 11.30 | 11.30 | 11.30 | 11.30 |
| | 粗蛋白质（%） | 16.51 | 16.50 | 16.50 | 16.50 | 16.50 | 16.50 |
| | 钙（%） | 3.50 | 3.50 | 3.50 | 3.40 | 3.50 | 3.50 |
| | 磷（%） | 0.51 | 0.52 | 0.51 | 0.50 | 0.54 | 0.39 |
| | 钠（%） | 0.15 | 0.15 | 0.15 | 0.09 | 0.15 | 0.15 |
| | 氯（%） | 0.22 | 0.22 | 0.21 | 0.08 | 0.25 | 0.20 |
| | 赖氨酸（%） | 0.84 | 0.87 | 0.86 | 0.86 | 0.75 | 0.84 |
| | 蛋氨酸（%） | 0.39 | 0.37 | 0.40 | 0.40 | 0.39 | 1.27 |
| | 总含硫氨基酸（%） | 0.64 | 0.60 | 0.64 | 0.62 | 0.65 | 1.54 |

表 3-48　蛋鸡开产至产蛋高峰的饲料配方四及营养水平

| 项目 | | 配方 22 | 配方 23 | 配方 24 | 配方 25 | 配方 26 | 配方 27 | 配方 28 |
|---|---|---|---|---|---|---|---|---|
| 饲料 | 黄玉米（%） | 66.00 | 64.00 | 67.00 | 67.20 | 69.00 | 64.20 | 70.00 |
| | 小麦麸（%） | 1.95 | 0.40 | 1.30 | 3.30 | 3.25 | | 1.20 |
| | 大豆粕（%） | 9.00 | 15.00 | | 8.40 | | 15.00 | 5.00 |
| | 亚麻仁粕（%） | | | 10.00 | 12.00 | | 12.00 | 10.50 | 12.00 |
| | 鱼粉（进口）（%） | 8.00 | | 9.00 | 8.80 | 4.00 | | |
| | 苜蓿草粉（%） | 4.80 | 0.80 | 1.00 | 3.00 | 2.00 | 0.50 | 2.00 |
| | 骨粉（%） | 1.00 | 1.00 | 1.00 | 1.00 | 1.00 | 1.00 | 1.00 |
| | 石粉（%） | 8.00 | 7.50 | 7.50 | 7.00 | 7.50 | 7.50 | 7.50 |
| | 食盐（%） | 0.20 | 0.20 | 0.20 | 0.30 | 0.20 | 0.30 | 0.30 |
| | 蛋氨酸（%） | 0.05 | 0.10 | | | 0.05 | | |
| | 1%蛋鸡预混料（%） | 1.00 | 1.00 | 1.00 | 1.00 | 1.00 | 1.00 | 1.00 |
| | 合计（%） | 100 | 100 | 100 | 100 | 100 | 100 | 100 |
| 营养水平 | 代谢能/(兆焦/千克) | 11.59 | 11.51 | 11.20 | 11.92 | 11.76 | 11.46 | 11.51 |
| | 粗蛋白质（%） | 15.30 | 15.80 | 15.00 | 16.40 | 16.40 | 15.70 | 12.90 |
| | 粗纤维（%） | 3.60 | 4.00 | 3.20 | 3.90 | 4.80 | 3.50 | 3.60 |
| | 钙（%） | 3.54 | 3.01 | 3.43 | 3.58 | 3.16 | 3.11 | 3.11 |
| | 磷（%） | 0.74 | 0.64 | 0.79 | 0.85 | 0.77 | 0.49 | 0.48 |
| | 赖氨酸（%） | 0.75 | 0.73 | 0.71 | 0.91 | 0.60 | 0.71 | 0.68 |
| | 蛋氨酸（%） | 0.26 | 0.23 | 0.26 | 0.34 | 0.26 | 0.30 | 0.34 |
| | 蛋氨酸+胱氨酸（%） | 0.50 | 0.53 | 0.50 | 0.52 | 0.48 | 0.56 | 0.57 |

表 3-49　蛋鸡开产至产蛋高峰的饲料配方五及营养水平

| 项目 | | 配方 29 | 配方 30 | 配方 31 | 配方 32 | 配方 33 | 配方 34 | 配方 35 |
|---|---|---|---|---|---|---|---|---|
| 原料 | 黄玉米（%） | 57.70 | 57.00 | 64.14 | 63.33 | 63.07 | 60.30 | 60.00 |
| | 小麦麸（%） | 3.00 | 0.50 | | | | 0.81 | 9.00 |

（续）

| 项目 | | 配方29 | 配方30 | 配方31 | 配方32 | 配方33 | 配方34 | 配方35 |
|---|---|---|---|---|---|---|---|---|
| 原料 | 大豆粕（%） | 23.30 | 30.20 | 21.40 | 21.00 | 25.60 | 23.10 | 10.00 |
| | 鱼粉（进口）（%） | 4.40 | | 3.00 | 4.00 | | 3.00 | 10.00 |
| | 槐叶粉（%） | | | | | | | 2.00 |
| | 骨粉（%） | 2.21 | 3.15 | 2.42 | 2.58 | 2.29 | 3.40 | |
| | 石粉（%） | 7.90 | 7.60 | 7.63 | 7.66 | 7.55 | 7.90 | 7.30 |
| | 磷酸氢钙（无水）（%） | | | | | | | 0.40 |
| | 食盐（%） | 0.34 | 0.36 | 0.20 | 0.20 | 0.25 | 0.30 | 0.30 |
| | 蛋氨酸（%） | 0.15 | 0.19 | 0.21 | 0.23 | 0.24 | 0.19 | |
| | 1%蛋鸡预混料（%） | 1.00 | 1.00 | 1.00 | 1.00 | 1.00 | 1.00 | 1.00 |
| | 合计（%） | 100 | 100 | 100 | 100 | 100 | 100 | 100 |
| 营养水平 | 代谢能/(兆焦/千克) | 11.50 | 11.50 | 11.34 | 11.50 | 11.50 | 11.42 | 11.55 |
| | 粗蛋白质（%） | 17.00 | 17.00 | 16.50 | 17.80 | 16.00 | 17.10 | 16.70 |
| | 钙（%） | 3.50 | 4.00 | 3.20 | 3.44 | 3.50 | 3.23 | 3.49 |
| | 磷（%） | 0.65 | 0.44① | 0.71 | 0.53① | 0.37① | 0.62 | 0.35① |
| | 赖氨酸（%） | 0.80 | 0.87 | 0.96 | 0.84 | 0.84 | 0.74 | |
| | 蛋氨酸（%） | | | 0.32 | 0.26 | | 0.40 | |
| | 蛋氨酸+胱氨酸（%） | 0.69 | 0.70 | 0.59 | 0.54 | 0.63 | | 0.64 |

① 有效磷含量。

**表3-50　蛋鸡开产至产蛋高峰的饲料配方六及营养水平**

| 项目 | | 配方36 | 配方37 | 配方38 | 配方39 | 配方40 | 配方41 | 配方42 |
|---|---|---|---|---|---|---|---|---|
| 原料 | 黄玉米（%） | 56.30 | 55.61 | 64.00 | 63.70 | 61.47 | 61.00 | 60.00 |
| | 小麦麸（%） | 3.00 | | 2.50 | 0.50 | 1.00 | 3.19 | 2.90 |
| | 大豆粕（%） | 24.73 | 32.20 | 9.50 | 15.00 | 13.00 | 24.70 | 20.00 |
| | 亚麻仁粕（%） | | | | 10.00 | 8.00 | | |
| | 鱼粉（进口）（%） | 5.00 | | 11.00 | | 6.00 | | 7.00 |

（续）

| 项目 | | 配方 36 | 配方 37 | 配方 38 | 配方 39 | 配方 40 | 配方 41 | 配方 42 |
|---|---|---|---|---|---|---|---|---|
| 原料 | 苜蓿草粉（%） | | | 3.30 | 1.00 | | | |
| | 槐叶粉（%） | | | | 1.00 | | | |
| | 骨粉（%） | 2.14 | 3.13 | 1.00 | | 0.80 | 1.50 | 1.00 |
| | 石粉（%） | 7.33 | 7.52 | 7.50 | 7.50 | 8.50 | 8.10 | 8.00 |
| | 食盐（%） | 0.35 | 0.35 | 0.20 | 0.20 | 0.13 | 0.35 | |
| | 蛋氨酸（%） | 0.15 | 0.19 | | 0.10 | 0.10 | 0.16 | 0.10 |
| | 1%蛋鸡预混料（%） | 1.00 | 1.00 | 1.00 | 1.00 | 1.00 | 1.00 | 1.00 |
| | 合计（%） | 100 | 100 | 100 | 100 | 100 | 100 | 100 |
| 营养水平 | 代谢能/(兆焦/千克) | 11.51 | 11.51 | 11.63 | 11.38 | 11.42 | 11.42 | 11.38 |
| | 粗蛋白质（%） | 17.00 | 17.50 | 15.90 | 16.80 | 17.00 | 17.20 | 17.00 |
| | 粗纤维（%） | | | 3.10 | 2.70 | 3.00 | 2.80 | |
| | 钙（%） | 3.50 | 3.60 | 3.70 | 3.79 | 3.42 | 3.22 | 3.47 |
| | 磷（%） | 0.65 | 0.70 | 0.76 | 0.70 | 0.56[1] | 0.62 | 0.57[1] |
| | 赖氨酸（%） | 0.80 | 0.84 | 0.99 | 0.89 | 0.98 | 0.80 | |
| | 蛋氨酸（%） | | | 0.41 | 0.33 | 0.31 | 0.40 | |
| | 蛋氨酸+胱氨酸（%） | 0.69 | 0.73 | 0.64 | 0.53 | 0.58 | 0.61 | |

[1] 有效磷含量。

表 3-51　蛋鸡开产至产蛋高峰的饲料配方七及营养水平

| 项目 | | 配方 43 | 配方 44 | 配方 45 | 配方 46 | 配方 47 | 配方 48 | 配方 49 |
|---|---|---|---|---|---|---|---|---|
| 原料 | 黄玉米（%） | 64.69 | 58.00 | 61.61 | 59.08 | 51.70 | 61.70 | 66.42 |
| | 高粱（%） | | | | 3.40 | 5.00 | | |
| | 大麦（%） | | | | | 9.00 | | |
| | 小麦麸（%） | 5.00 | 7.00 | | 3.00 | | | |
| | 大豆粕（%） | 12.00 | 14.20 | 11.97 | 9.00 | 15.00 | 20.00 | 11.67 |
| | 菜籽粕（%） | 2.00 | | 3.00 | | | | |

（续）

| 项目 | | 配方 43 | 配方 44 | 配方 45 | 配方 46 | 配方 47 | 配方 48 | 配方 49 |
|---|---|---|---|---|---|---|---|---|
| 原料 | 花生仁粕（%） | | 5.50 | | 6.00 | | 5.00 | 3.00 |
| | 棉仁粕（%） | | | 3.00 | | | | 3.00 |
| | 芝麻粕（%） | | | | 5.00 | | | |
| | 鱼粉（进口）（%） | 5.00 | 5.00 | 5.00 | 4.00 | 5.50 | 3.00 | 5.00 |
| | 血粉（%） | 1.50 | | | | | | |
| | 苜蓿草粉（%） | | | | 7.00 | | | |
| | 槐叶粉（%） | | | | | 4.00 | | 1.00 |
| | 骨粉（%） | 1.50 | 1.60 | | 1.00 | 2.00 | 1.60 | 1.96 |
| | 石粉（%） | 7.00 | | 6.95 | 6.00 | 6.50 | 7.40 | |
| | 贝壳粉（%） | | 7.40 | | 2.00 | | | 6.75 |
| | 食盐（%） | 0.20 | 0.30 | 0.37 | 0.25 | 0.30 | 0.30 | |
| | 蛋氨酸（%） | 0.06 | | 0.10 | 0.17 | | | 0.15 |
| | 赖氨酸（%） | 0.05 | | | 0.10 | | | 0.05 |
| | 1%蛋鸡预混料（%） | 1.00 | 1.00 | 1.00 | 1.00 | 1.00 | 1.00 | 1.00 |
| | 合计（%） | 100 | 100 | 100 | 100 | 100 | 100 | 100 |
| 营养水平 | 代谢能/(兆焦/千克) | 11.50 | 11.50 | 11.76 | 11.50 | 11.34 | 11.30 | 11.46 |
| | 粗蛋白质（%） | 16.50 | 15.75 | 17.80 | 17.40 | 16.60 | 16.90 | 17.10 |
| | 粗纤维（%） | | | 2.70 | 2.60 | 3.00 | 2.90 | 2.70 |
| | 钙（%） | 3.50 | 3.01 | 3.30 | 3.25 | 3.47 | 3.58 | 3.74 |
| | 磷（%） | 0.33[①] | 0.64 | 0.60 | 0.58[①] | 0.66 | 0.71 | 0.66 |
| | 赖氨酸（%） | 0.79 | 0.73 | 0.90 | 0.79 | 0.88 | 0.87 | 0.80 |
| | 蛋氨酸（%） | 0.36 | 0.23 | | 0.36 | 0.29 | 0.31 | 0.33 |
| | 蛋氨酸+胱氨酸（%） | | 0.53 | 0.55 | 0.57 | 0.61 | 0.61 | 0.59 |

① 有效磷含量。

表 3-52 　蛋鸡开产至产蛋高峰的饲料配方八 　　　（质量分数,%）

| 原料 | 配方50 | 配方51 | 配方52 | 配方53 | 配方54 | 配方55 | 配方56 |
|---|---|---|---|---|---|---|---|
| 黄玉米 | 65.43 | 60.00 | 59.00 | 58.45 | 60.00 | 51.00 | 53.64 |
| 高粱 | | | | | | 10.00 | 5.00 |
| 小麦麸 | | 3.45 | 4.20 | 5.00 | 2.90 | 3.00 | |
| 大豆粕 | 16.80 | 17.40 | 23.00 | 21.00 | 20.00 | 26.15 | 28.00 |
| 菜籽粕 | | | | | | | 1.00 |
| 向日葵仁粕 | | | | | | | 1.00 |
| 鱼粉（进口） | 5.00 | 8.00 | 3.00 | 5.00 | | | |
| 鱼粉（国产） | | | | | 7.00 | | |
| 槐叶粉 | 3.00 | | | | | | 1.50 |
| 骨粉 | 1.97 | 1.00 | 1.50 | 1.35 | 1.00 | 2.50 | 2.50 |
| 石粉 | | 8.00 | 8.00 | 8.00 | 8.00 | | |
| 贝壳粉 | 6.69 | | | | | 6.00 | 5.30 |
| 碳酸氢钙 | | | | | | | 0.70 |
| 食盐 | | 1.10 | 0.20 | 0.10 | | 0.30 | 0.30 |
| 蛋氨酸 | 0.11 | 0.05 | 0.10 | 0.10 | 0.10 | 0.05 | 0.06 |
| 1%蛋鸡预混料 | 1.00 | 1.00 | 1.00 | 1.00 | 1.00 | 1.00 | 1.00 |
| 合计 | 100 | 100 | 100 | 100 | 100 | 100 | 100 |

表 3-53 　蛋鸡开产至产蛋高峰的饲料配方九及营养水平

| | 项目 | 配方57 | 配方58 | 配方59 | 配方60 | 配方61 | 配方62 | 配方63 |
|---|---|---|---|---|---|---|---|---|
| 原料 | 玉米（%） | 59.99 | 63.22 | 62.43 | 40.00 | | | 60.53 |
| | 大麦（裸）（%） | | | | | 10.00 | 4.68 | |
| | 糙米（%） | | | | 24.12 | 55.72 | 59.16 | |
| | 小麦麸（%） | 2.00 | 3.00 | 3.22 | | | | 2.00 |
| | 米糠饼（%） | 3.00 | | | | | | |

（续）

| 项目 | | 配方 57 | 配方 58 | 配方 59 | 配方 60 | 配方 61 | 配方 62 | 配方 63 |
|---|---|---|---|---|---|---|---|---|
| 原料 | 大豆粕（%） | 21.00 | 15.00 | 15.50 | 13.32 | 14.00 | 16.00 | 25.00 |
| | 玉米蛋白粉（%） | | 6.00 | | 3.60 | 3.00 | | |
| | 向日葵仁粕（%） | | | | | | | |
| | 菜籽粕（%） | 2.81 | 1.80 | 4.00 | | | | |
| | 花生仁粕（%） | | | 3.00 | | | | |
| | 棉籽粕（%） | | | | 3.00 | 3.00 | 3.00 | |
| | 啤酒酵母（%） | | | | 4.00 | 3.00 | 3.00 | |
| | DDGS（%） | | | | | | 3.00 | |
| | 磷酸氢钙（无水）（%） | 1.70 | 1.47 | 1.30 | 1.86 | 1.85 | 1.80 | 1.40 |
| | 石粉（%） | 8.00 | 8.00 | 8.50 | 8.00 | 8.00 | 8.00 | 8.60 |
| | 食盐（%） | 0.30 | 0.31 | 0.35 | 1.00 | 0.33 | 0.26 | 0.35 |
| | 蛋氨酸（%） | 0.10 | 0.10 | | 0.10 | 0.10 | 0.10 | 0.12 |
| | 赖氨酸（%） | 0.10 | 0.10 | | | | | |
| | 豆油（%） | | | 0.70 | | | | 1.00 |
| | 1%蛋鸡预混料（%） | 1.00 | 1.00 | 1.00 | 1.00 | 1.00 | 1.00 | 1.00 |
| | 合计（%） | 100 | 100 | 100 | 100 | 100 | 100 | 100 |
| 营养水平 | 代谢能/(兆焦/千克) | 11.84 | 11.30 | 11.05 | 11.32 | 11.34 | 11.30 | 11.11 |
| | 粗蛋白质（%） | 16.50 | 16.50 | 16.00 | 16.54 | 16.66 | 16.66 | 16.10 |
| | 钙（%） | 3.50 | 3.39 | 3.50 | 3.50 | 3.50 | 3.50 | 3.50 |
| | 磷（%） | 0.52 | 0.45 | 0.57 | 0.53 | 0.55 | 0.56 | 0.57 |
| | 钠（%） | 0.15 | 0.15 | | 0.42 | 0.15 | 0.18 | |
| | 氯（%） | 0.22 | 0.23 | | 0.65 | 0.25 | 0.22 | |
| | 赖氨酸（%） | 0.86 | 0.73 | 0.76 | 0.75 | 0.78 | 0.82 | 0.86 |
| | 蛋氨酸（%） | 0.38 | 0.38 | 0.33 | 0.39 | 0.38 | 0.38 | 0.33 |
| | 总含硫氨基酸（%） | 0.66 | 0.68 | | 0.65 | 0.63 | 0.62 | |

### 3. 蛋鸡产蛋高峰期饲料配方

蛋鸡产蛋高峰期的饲料配方及营养水平见表 3-54。

表 3-54　蛋鸡产蛋高峰期（32～45 周龄）的饲料配方及营养水平

| | 项目 | 配方 1 | 配方 2 | 配方 3 | 配方 4 | 配方 5 | 配方 6 |
|---|---|---|---|---|---|---|---|
| 原料 | 玉米（%） | 53.6 | 58.1 | | | | |
| | 小麦（%） | | | 58.6 | 50.8 | | |
| | 高粱（%） | | | | | 41.9 | 38.2 |
| | 次粉（%） | | | 0.8 | 12.3 | 11.8 | 20.0 |
| | 肉粉（%） | | 7.0 | | 6.0 | | 6.5 |
| | 大豆粕（%） | 30.1 | 22.0 | 23.3 | 15.6 | 27.9 | 19.2 |
| | 油脂（%） | 3.90 | 2.46 | 5.00 | 5.00 | 6.00 | 5.60 |
| | 蛋氨酸（%） | 0.09 | 0.11 | 0.13 | 0.12 | 0.15 | 0.15 |
| | 食盐（%） | 0.33 | 0.23 | 0.27 | 0.18 | 0.34 | 0.25 |
| | 石粉（%） | 10.6 | 10.0 | 10.7 | 9.9 | 10.7 | 10.0 |
| | 磷酸氢钙（无水）（%） | 1.28 | | 1.10 | | 1.11 | |
| | 维生素-微量元素预混料（%） | 0.1 | 0.1 | 0.1 | 0.1 | 0.1 | 0.1 |
| | 合计（%） | 100 | 100 | 100 | 100 | 100 | 100 |
| 营养水平 | 代谢能/(兆焦/千克) | 12.02 | 12.02 | 12.02 | 12.02 | 12.02 | 12.02 |
| | 粗蛋白质（%） | 19.0 | 19.0 | 19.0 | 19.0 | 19.0 | 19.0 |
| | 钙（%） | 4.4 | 4.4 | 4.4 | 4.4 | 4.4 | 4.4 |
| | 有效磷（%） | 0.43 | 0.43 | 0.43 | 0.43 | 0.43 | 0.43 |
| | 钠（%） | 0.17 | 0.17 | 0.17 | 0.17 | 0.17 | 0.17 |
| | 蛋氨酸（%） | 0.41 | 0.42 | 0.41 | 0.41 | 0.41 | 0.41 |
| | 蛋氨酸+胱氨酸（%） | 0.70 | 0.70 | 0.72 | 0.70 | 0.74 | 0.72 |
| | 赖氨酸（%） | 1.07 | 1.07 | 1.04 | 1.04 | 1.08 | 1.09 |
| | 苏氨酸（%） | 0.82 | 0.79 | 0.71 | 0.67 | 0.74 | 0.71 |
| | 色氨酸（%） | 0.26 | 0.25 | 0.28 | 0.26 | 0.25 | 0.25 |

注：来源于李森等的《实用家禽营养》。

### 4. 蛋鸡产蛋高峰后饲料配方

蛋鸡产蛋高峰后饲料配方及营养水平见表 3-55～表 3-63。

表 3-55　蛋鸡产蛋高峰后饲料配方一及营养水平

| | 项目 | 配方1 | 配方2 | 配方3 | 配方4 | 配方5 | 配方6 | 配方7 |
|---|---|---|---|---|---|---|---|---|
| 原料 | 黄玉米（%） | 65.50 | 63.80 | 67.00 | 69.00 | 65.50 | 67.00 | 61.66 |
| | 小麦麸（%） | 1.40 | 0.50 | 1.20 | 3.30 | 11.10 | 1.11 | 1.62 |
| | 大豆粕（%） | 9.00 | 15.00 | | | 6.00 | | 21.60 |
| | 亚麻仁粕（%） | | 10.00 | 12.00 | 12.00 | | 12.00 | |
| | 鱼粉（进口）（%） | 8.20 | | 9.20 | 4.10 | 5.00 | 9.20 | 2.00 |
| | 苜蓿草粉（%） | 5.80 | | 1.00 | 2.00 | 3.00 | 1.00 | |
| | 槐叶粉（%） | | 1.00 | | | | | |
| | 骨粉（%） | 1.00 | 1.00 | 1.00 | 1.00 | 1.00 | 1.00 | 3.80 |
| | 石粉（%） | 8.00 | 7.50 | 7.50 | 7.50 | 7.00 | 7.50 | 7.90 |
| | 食盐（%） | 0.10 | 0.20 | 0.10 | 0.10 | 0.40 | 0.10 | 0.30 |
| | 蛋氨酸（%） | | | | | | 0.04 | 0.12 |
| | 赖氨酸（%） | | | | | | 0.05 | |
| | 1%蛋鸡预混料（%） | 1.00 | 1.00 | 1.00 | 1.00 | 1.00 | 1.00 | 1.00 |
| | 合计（%） | 100 | 100 | 100 | 100 | 100 | 100 | 100 |
| 营养水平 | 代谢能/(兆焦/千克) | 11.59 | 11.51 | 11.25 | 11.76 | 11.59 | 11.25 | 11.50 |
| | 粗蛋白质（%） | 14.40 | 15.81 | 14.30 | 12.50 | 14.60 | 14.30 | 16.00 |
| | 粗纤维（%） | 3.60 | 4.00 | 3.20 | 4.80 | 3.50 | 3.20 | |
| | 钙（%） | 3.54 | 3.01 | 3.43 | 3.16 | 3.22 | 3.43 | 4.00 |
| | 磷（%） | 0.74 | 0.64 | 0.79 | 0.77 | 0.78 | 0.79 | 0.44[①] |
| | 赖氨酸（%） | 0.75 | 0.73 | 0.67 | 0.60 | 0.69 | 0.65 | 0.79 |
| | 蛋氨酸（%） | 0.21 | 0.13 | 0.26 | 0.21 | 0.26 | 0.30 | 0.21 |
| | 蛋氨酸+胱氨酸（%） | 0.45 | 0.43 | 0.50 | 0.43 | 0.43 | 0.54 | 0.60 |

① 有效磷含量。

表 3-56　蛋鸡产蛋高峰后饲料配方二及营养水平

| 项目 | | 配方8 | 配方9 | 配方10 | 配方11 | 配方12 | 配方13 | 配方14 |
|---|---|---|---|---|---|---|---|---|
| 原料 | 黄玉米（%） | 63.80 | 63.35 | 42.20 | 65.17 | 65.11 | 62.00 | 61.54 |
| | 高粱（%） | | | 7.00 | | | | |
| | 大麦（%） | | | 12.00 | | | | |
| | 小麦麸（%） | 5.40 | 6.00 | 7.00 | 2.38 | 1.00 | 4.14 | 4.00 |
| | 大豆粕（%） | 19.90 | 14.00 | 12.00 | 19.60 | 22.70 | 21.92 | 22.00 |
| | 鱼粉（进口）（%） | | 7.00 | 10.00 | 2.00 | | | |
| | 骨粉（%） | 1.45 | 1.00 | 1.50 | 2.34 | 2.76 | 1.96 | 2.67 |
| | 石粉（%） | 7.95 | 7.50 | | 7.24 | 7.13 | 8.50 | 8.28 |
| | 贝壳粉（%） | | | 7.00 | | | | |
| | 食盐（%） | 0.35 | | 0.30 | 0.20 | 0.20 | 0.35 | 0.35 |
| | 蛋氨酸（%） | 0.15 | 0.10 | | 0.07 | 0.10 | 0.13 | 0.16 |
| | 赖氨酸（%） | | 0.05 | | | | | |
| | 1%蛋鸡预混料（%） | 1.00 | 1.00 | 1.00 | 1.00 | 1.00 | 1.00 | 1.00 |
| | 合计（%） | 100 | 100 | 100 | 100 | 100 | 100 | 100 |
| 营养水平 | 代谢能/(兆焦/千克) | 11.50 | 11.13 | 11.50 | 11.50 | 11.50 | 11.42 | 11.46 |
| | 粗蛋白质（%） | 14.75 | 17.73 | 16.00 | 16.00 | 15.80 | 16.00 | 16.15 |
| | 粗纤维（%） | | | | | | 2.43 | 2.56 |
| | 钙（%） | 3.32 | 3.04 | 3.30 | 3.30 | 3.75 | 3.75 | 3.39 |
| | 磷（%） | 0.52 | 0.53 | 0.62 | 0.62 | 0.50 | 0.53 | 0.56 |
| | 赖氨酸（%） | | | 0.72 | 0.72 | | 0.75 | 0.72 |
| | 蛋氨酸（%） | | | | | 0.41 | 0.32 | 0.32 |
| | 蛋氨酸+胱氨酸（%） | | | 0.53 | 0.53 | | 0.56 | 0.56 |

表 3-57　蛋鸡产蛋高峰后饲料配方三及营养水平

| | 项目 | 配方15 | 配方16 | 配方17 | 配方18 | 配方19 | 配方20 | 配方21 |
|---|---|---|---|---|---|---|---|---|
| 原料 | 黄玉米（%） | 57.00 | 74.59 | 60.00 | 61.65 | 65.20 | 59.50 | 64.00 |
| | 高粱（%） | 5.00 | | 3.40 | | | | |
| | 小麦麸（%） | 3.35 | | 4.18 | 3.00 | 6.40 | 12.85 | 10.10 |
| | 小麦（%） | 3.00 | | | 6.00 | | | |
| | 大豆粕（%） | 10.00 | 4.00 | 6.00 | 14.00 | 10.00 | 9.20 | 11.00 |
| | 菜籽粕（%） | 1.00 | 4.00 | | | 2.00 | | |
| | 花生仁粕（%） | | | 6.00 | | | 5.00 | |
| | 棉仁粕（%） | | 4.00 | | 3.00 | | | |
| | 亚麻仁粕（%） | | | 6.00 | | | | |
| | 鱼粉（进口）（%） | 7.00 | 2.00 | 3.00 | 1.30 | 6.00 | 3.00 | 4.00 |
| | 苜蓿草粉（%） | 3.00 | 1.50 | | | | | |
| | 骨粉（%） | 2.20 | | 1.00 | | 1.50 | 1.50 | 0.80 |
| | 石粉（%） | 7.00 | 6.75 | 6.00 | 8.00 | 7.50 | | |
| | 贝壳粉（%） | | | 2.00 | | | 7.50 | 8.50 |
| | 碳酸氢钙（%） | | 1.91 | | 1.68 | | | 0.25 |
| | 食盐（%） | 0.30 | 0.25 | 0.28 | 0.27 | 0.30 | 0.30 | 0.25 |
| | 蛋氨酸（%） | 0.15 | | 0.14 | 0.10 | 0.05 | 0.05 | 0.10 |
| | 赖氨酸（%） | | 0.10 | | | 0.05 | 0.10 | |
| | 1%蛋鸡预混料（%） | 1.0 | 1.0 | 1.0 | 1.0 | 1.0 | 1.0 | 1.0 |
| | 合计（%） | 100 | 100 | 100 | 100 | 100 | 100 | 100 |
| 营养水平 | 代谢能/(兆焦/千克) | 11.42 | | | 11.23 | 11.30 | 11.50 | 11.50 |
| | 粗蛋白质（%） | 15.44 | | | 15.52 | 15.20 | 15.00 | 16.10 |
| | 钙（%） | 3.63 | | | 3.50 | 3.27 | 3.40 | 3.22 |
| | 磷（%） | 0.57 | | | 0.53 | 0.42 | 0.63 | 0.33 |
| | 赖氨酸（%） | 0.70 | | | 0.72 | 0.75 | 0.73 | 0.82 |
| | 蛋氨酸（%） | 0.31 | | | 0.36 | 0.26 | | 0.39 |
| | 蛋氨酸+胱氨酸（%） | 0.54 | | | 0.64 | 0.46 | 0.57 | |

表 3-58　蛋鸡产蛋高峰后饲料配方四　（质量分数,%）

| 原料 | 配方 22 | 配方 23 | 配方 24 | 配方 25 | 配方 26 | 配方 27 | 配方 28 |
|---|---|---|---|---|---|---|---|
| 黄玉米 | 61.00 | 62.00 | 62.70 | 62.88 | 62.18 | 62.13 | 65.40 |
| 小麦麸 | | 3.56 | 1.55 | 1.00 | 3.50 | 0.97 | |
| 米糠饼 | | | | | | 6.00 | |
| 大豆粕 | 17.80 | 16.50 | 16.50 | 20.00 | 16.50 | 6.83 | 13.02 |
| 菜籽粕 | 4.00 | | 5.00 | 2.30 | | 4.00 | 5.00 |
| 花生仁粕 | 4.00 | 4.50 | | | 4.50 | 3.00 | 5.00 |
| 鱼粉（进口） | | 1.60 | 1.50 | | 1.60 | 7.00 | |
| 肉骨粉 | 1.34 | | | 1.00 | | | |
| 槐叶粉 | | | 1.50 | | | | |
| 骨粉 | | 2.00 | | 3.30 | 2.00 | | |
| 石粉 | 9.00 | 8.20 | 8.10 | 8.00 | 8.20 | 8.42 | 9.00 |
| 碳酸氢钙 | 1.40 | | 1.60 | | | 0.11 | 1.45 |
| 贝壳粉 | | | | | | 0.30 | |
| 食盐 | 0.36 | 0.35 | 0.35 | 0.35 | 0.30 | 0.14 | 0.36 |
| 蛋氨酸 | 0.08 | 0.15 | 0.13 | 0.12 | 0.12 | 0.10 | 0.09 |
| 赖氨酸 | 0.02 | 0.14 | 0.07 | 0.05 | 0.10 | | 0.04 |
| 1%蛋鸡预混料 | 1.0 | 1.0 | 1.0 | 1.0 | 1.0 | 1.0 | 1.0 |
| 合计 | 100 | 100 | 100 | 100 | 100 | 100 | 100 |

表 3-59　蛋鸡产蛋高峰后饲料配方五及营养水平

| | 项目 | 配方 29 | 配方 30 | 配方 31 | 配方 32 | 配方 33 | 配方 34 | 配方 35 |
|---|---|---|---|---|---|---|---|---|
| 原料 | 玉米（%） | 63.86 | 31.00 | 31.00 | 65.90 | 63.00 | 62.42 | 60.00 |
| | 糙米（%） | | 30.00 | 30.00 | | | | 1.98 |
| | 大麦（裸）（%） | | | | 2.42 | | | 2.00 |
| | 小麦麸（%） | 4.69 | 7.00 | 7.00 | | 7.31 | 7.08 | 6.00 |

（续）

| | 项目 | 配方29 | 配方30 | 配方31 | 配方32 | 配方33 | 配方34 | 配方35 |
|---|---|---|---|---|---|---|---|---|
| 原料 | 大豆粕（%） | 15.00 | 14.00 | 14.00 | 15.00 | 13.00 | 13.00 | 14.00 |
| | 棉籽粕（%） | | | | 3.00 | 3.00 | 2.62 | |
| | 菜籽粕（%） | | 3.00 | | | | | |
| | 向日葵仁粕（%） | 3.00 | | 3.00 | | | | |
| | 啤酒酵母（%） | | | | | | 2.00 | |
| | 玉米蛋白粉（%） | | | | | | | 2.00 |
| | 鱼粉（国产）（%） | 2.88 | 3.00 | 3.00 | 3.00 | 3.00 | 2.06 | 2.59 |
| | 磷酸氢钙（无水）（%） | 1.31 | 2.00 | 2.00 | 1.30 | 1.28 | 1.49 | 1.39 |
| | 石粉（%） | 8.00 | 8.00 | 8.00 | 8.00 | 8.00 | 8.00 | 8.00 |
| | 食盐（%） | 0.21 | 0.80 | 0.80 | 0.22 | 0.21 | 0.24 | 1.00 |
| | 蛋氨酸（%） | 0.05 | 0.10 | 0.10 | 0.06 | 0.10 | 0.05 | 0.04 |
| | 赖氨酸（%） | | 0.10 | 0.10 | 0.10 | 0.10 | 0.04 | |
| | 1%蛋鸡预混料（%） | 1.00 | 1.00 | 1.00 | 1.00 | 1.00 | 1.00 | 1.00 |
| | 合计（%） | 100 | 100 | 100 | 100 | 100 | 100 | 100 |
| 营养水平 | 代谢能/（兆焦/千克） | 11.09 | 10.91 | 10.94 | 11.36 | 10.98 | 11.09 | 11.24 |
| | 粗蛋白质（%） | 15.50 | 15.54 | 15.39 | 15.50 | 17.19 | 15.50 | 16.58 |
| | 钙（%） | 3.50 | 3.73 | 3.71 | 3.50 | 3.50 | 3.50 | 3.50 |
| | 磷（%） | 0.50 | 0.67 | 0.66 | 0.50 | 0.50 | 0.52 | 0.52 |
| | 钠（%） | 0.15 | 0.38 | 0.38 | 0.15 | 0.15 | 0.15 | 0.49 |
| | 氯（%） | 0.19 | 0.55 | 0.55 | 0.20 | 0.19 | 0.21 | 0.66 |
| | 赖氨酸（%） | 0.73 | 0.82 | 0.82 | 0.81 | 0.92 | 0.70 | 0.79 |
| | 蛋氨酸（%） | 0.32 | 0.37 | 0.37 | 0.32 | 0.38 | 0.32 | 0.32 |
| | 总含硫氨基酸（%） | 0.59 | 0.62 | 0.61 | 0.59 | 0.66 | 0.59 | 0.59 |

表 3-60　蛋鸡产蛋高峰后饲料配方六　（质量分数,%）

| 原料 | 配方36 | 配方37 | 配方38 | 配方39 | 配方40 | 配方41 | 配方42 |
|---|---|---|---|---|---|---|---|
| 玉米 | 30.53 | 30.45 | 62.00 | 62.08 | 58.51 | 58.00 | 28.63 |
| 糙米 | 30.00 | 29.00 | | | | | 28.00 |
| 大麦（裸） | | | | 5.98 | 7.13 | | |
| 高粱 | 7.00 | 7.00 | | | | | 10.00 |
| 小麦麸 | | | 6.21 | | | 3.38 | |
| 大豆粕 | 15.00 | 16.00 | 15.00 | 13.75 | 15.00 | 12.00 | 14.00 |
| 米糠粕 | | | | | | 3.00 | |
| 花生仁粕 | | | | | | 3.00 | |
| 棉籽粕 | | | 3.00 | | | | |
| 向日葵仁粕 | | | 3.00 | 3.00 | 3.00 | | |
| 蚕豆粉浆蛋白粉 | 3.00 | 3.00 | | | 2.29 | 3.00 | |
| 啤酒酵母 | | | | | 0.63 | 1.91 | 4.00 |
| 麦芽根 | | | | | 2.13 | | |
| DDGS | | | | | | 5.00 | |
| 玉米蛋白粉 | 3.00 | 3.00 | | 3.82 | | | 3.96 |
| 磷酸氢钙（无水） | 1.95 | 2.00 | 1.24 | 1.88 | 1.88 | 1.16 | 2.00 |
| 石粉 | 8.00 | 8.00 | 8.00 | 8.00 | 8.00 | 8.00 | 8.00 |
| 食盐 | 0.37 | 0.35 | 0.35 | 0.35 | 0.35 | 0.35 | 0.37 |
| 蛋氨酸 | 0.10 | 0.10 | 0.10 | 0.05 | 0.08 | 0.10 | 0.04 |
| 赖氨酸 | 0.05 | 0.10 | 0.10 | 0.09 | | 0.10 | |
| 1%蛋鸡预混料 | 1.00 | 1.00 | 1.00 | 1.00 | 1.00 | 1.00 | 1.00 |
| 合计 | 100 | 100 | 100 | 100 | 100 | 100 | 100 |

表 3-61　蛋鸡产蛋高峰后饲料配方七　（质量分数,%）

| 原料 | 配方43 | 配方44 | 配方45 | 配方46 | 配方47 | 配方48 | 配方49 |
|---|---|---|---|---|---|---|---|
| 玉米 | 62.00 | 64.59 | | | | | |
| 糙米 | | | 60.83 | 60.55 | 59.97 | 60.04 | 62.00 |
| 小麦麸 | 5.12 | | 8.57 | 9.84 | 9.66 | 8.85 | 8.00 |
| 大豆粕 | 13.04 | 14.45 | 15.00 | 13.00 | 14.00 | 13.00 | 10.00 |
| 玉米蛋白粉 | | | | | | | 3.00 |
| 向日葵仁粕 | 1.73 | 3.80 | | | 3.00 | | |
| 菜籽粕 | 6.50 | 6.50 | 3.00 | 3.00 | | | 3.00 |
| 鱼粉（国产） | 1.47 | | 1.84 | 3.00 | 2.76 | 4.15 | 2.90 |
| DDGS | | | | | | 3.00 | |
| 磷酸氢钙（无水） | | 0.51 | 1.44 | 1.23 | 1.31 | 1.65 | 1.31 |
| 石粉 | 8.74 | 8.73 | 8.00 | 8.00 | 8.00 | 8.00 | 8.00 |
| 食盐 | 0.31 | 0.34 | 0.27 | 0.24 | 0.24 | 0.24 | 0.71 |
| 蛋氨酸 | 0.09 | 0.08 | 0.05 | 0.05 | 0.06 | 0.07 | 0.07 |
| 赖氨酸 | | | | 0.09 | | | 0.01 |
| 1%蛋鸡预混料 | 1.00 | 1.00 | 1.00 | 1.00 | 1.00 | 1.00 | 1.00 |
| 合计 | | | 100 | 100 | 100 | 100 | 100 |

表 3-62　蛋鸡产蛋高峰后（45~60周龄）饲料配方及营养水平

| | 项目 | 配方1 | 配方2 | 配方3 | 配方4 | 配方5 | 配方6 |
|---|---|---|---|---|---|---|---|
| 原料 | 玉米（%） | 57.60 | 61.75 | 40.00 | 40.00 | | |
| | 小麦（%） | | | 24.0 | 16.5 | | |
| | 高粱（%） | | | | | 54.6 | 48.0 |
| | 次粉（%） | | | | 11.0 | 3.0 | 14.0 |
| | 肉粉（%） | | 6.0 | | 5.0 | | 5.5 |
| | 大豆粕（%） | 26.0 | 19.0 | 18.6 | 11.5 | 24.8 | 16.6 |
| | 油脂（%） | 2.90 | 1.43 | 4.00 | 4.00 | 4.05 | 4.00 |

（续）

| | 项目 | 配方 1 | 配方 2 | 配方 3 | 配方 4 | 配方 5 | 配方 6 |
|---|---|---|---|---|---|---|---|
| 原料 | 蛋氨酸（%） | 0.10 | 0.12 | 0.13 | 0.15 | 0.15 | 0.15 |
| | 食盐（%） | 0.30 | 0.20 | 0.25 | 0.15 | 0.32 | 0.25 |
| | 石粉（%） | 11.1 | 10.5 | 11.1 | 10.7 | 11.1 | 10.5 |
| | 磷酸氢钙（无水）（%） | 1.00 | | 0.92 | | 0.98 | |
| | 1%蛋鸡预混料（%） | 1 | 1 | 1 | 1 | 1 | 1 |
| | 合计（%） | 100 | 100 | 100 | 100 | 100 | 100 |
| 营养水平 | 代谢能/(兆焦/千克) | 11.91 | 11.91 | 11.91 | 11.91 | 11.91 | 11.91 |
| | 粗蛋白质（%） | 17.5 | 17.5 | 17.0 | 17.0 | 17.5 | 17.5 |
| | 钙（%） | 4.5 | 4.5 | 4.5 | 4.5 | 4.5 | 4.5 |
| | 有效磷（%） | 0.38 | 0.38 | 0.38 | 0.38 | 0.38 | 0.38 |
| | 钠（%） | 0.16 | 0.16 | 0.16 | 0.16 | 0.16 | 0.16 |
| | 蛋氨酸（%） | 0.40 | 0.42 | 0.39 | 0.41 | 0.39 | 0.39 |
| | 蛋氨酸+胱氨酸（%） | 0.67 | 0.67 | 0.67 | 0.67 | 0.70 | 0.68 |
| | 赖氨酸（%） | 0.95 | 0.95 | 0.92 | 0.93 | 0.98 | 0.98 |
| | 苏氨酸（%） | 0.76 | 0.73 | 0.63 | 0.60 | 0.68 | 0.64 |
| | 色氨酸（%） | 0.24 | 0.22 | 0.26 | 0.24 | 0.24 | 0.22 |

**表 3-63  蛋鸡产蛋高峰后（60 周龄~淘汰）饲料配方及营养水平**

| | 项目 | 配方 1 | 配方 2 | 配方 3 | 配方 4 | 配方 5 | 配方 6 |
|---|---|---|---|---|---|---|---|
| 原料 | 玉米（%） | 63.0 | 61.0 | | | | |
| | 小麦（%） | | | 57.0 | 52.0 | | |
| | 高粱（%） | | | | | 48.0 | 46.0 |
| | 次粉（%） | | 5.1 | 12.0 | 19.0 | 15.2 | 19.8 |
| | 肉粉（%） | | 4.9 | | 3.6 | | 4.2 |
| | 大豆粕（%） | 22.0 | 15.7 | 13.5 | 9.0 | 19.2 | 13.8 |
| | 油脂（%） | 1.30 | 0.97 | 4.00 | 4.00 | 4.00 | 3.70 |

（续）

| 项目 | | 配方 1 | 配方 2 | 配方 3 | 配方 4 | 配方 5 | 配方 6 |
|---|---|---|---|---|---|---|---|
| 原料 | 蛋氨酸（%） | 0.08 | 0.10 | 0.11 | 0.12 | 0.12 | 0.14 |
| | 食盐（%） | 0.30 | 0.23 | 0.24 | 0.18 | 0.30 | 0.26 |
| | 石粉（%） | 11.5 | 11.0 | 11.5 | 11.1 | 11.5 | 11.1 |
| | 磷酸氢钙（无水）（%） | 0.82 | | 0.65 | | 0.68 | |
| | 1%蛋鸡预混料（%） | 1 | 1 | 1 | 1 | 1 | 1 |
| | 合计（%） | 100 | 100 | 100 | 100 | 100 | 100 |
| 营养水平 | 代谢能/(兆焦/千克) | 11.70 | 11.70 | 11.70 | 11.70 | 11.70 | 11.70 |
| | 粗蛋白质（%） | 16.0 | 16.0 | 16.0 | 16.0 | 16.0 | 16.0 |
| | 钙（%） | 4.6 | 4.6 | 4.6 | 4.6 | 4.6 | 4.6 |
| | 有效磷（%） | 0.33 | 0.33 | 0.33 | 0.33 | 0.33 | 0.33 |
| | 钠（%） | 0.16 | 0.16 | 0.16 | 0.16 | 0.16 | 0.16 |
| | 蛋氨酸（%） | 0.36 | 0.37 | 0.35 | 0.36 | 0.34 | 0.34 |
| | 蛋氨酸+胱氨酸（%） | 0.60 | 0.60 | 0.60 | 0.60 | 0.62 | 0.61 |
| | 赖氨酸（%） | 0.83 | 0.83 | 0.80 | 0.80 | 0.85 | 0.85 |
| | 苏氨酸（%） | 0.70 | 0.67 | 0.57 | 0.55 | 0.60 | 0.59 |
| | 色氨酸（%） | 0.22 | 0.20 | 0.24 | 0.23 | 0.21 | 0.20 |

注：使用小麦时必须添加非淀粉多糖酶。

## 5. 不同类型蛋鸡饲料配方

不同类型蛋鸡的饲料配方及营养水平见表 3-64～表 3-68。

**表 3-64　不同阶段、不同季节蛋鸡饲料配方**

（质量分数,%）

| 原料 | 不同产蛋阶段 | | | 不同季节（产蛋率大于80%） | | | |
| --- | --- | --- | --- | --- | --- | --- | --- |
| | 产蛋率为65%以下 | 产蛋率为65%~80% | 产蛋率大于80% | 春季 | 夏季 | 秋季 | 冬季 |
| 玉米 | 65.50 | 62.68 | 57.61 | 60.48 | 57.00 | 62.08 | 64.48 |
| 小麦麸 | 7.000 | 3.000 | 3.175 | 3.000 | 3.000 | 4.800 | 3.000 |
| 大豆粕 | 16.4 | 25.0 | 29.5 | 17.0 | 22.0 | 16.5 | 17.0 |
| 槐叶粉 | 3.0 | | | 3.0 | 3.0 | 2.0 | |
| 鱼粉（国产） | | | | 3.5 | 3.0 | 3.0 | 1.5 |
| 猪血粉 | | | | 4.6 | 3.0 | 3.2 | 4.6 |
| 虾糠 | | | | | | | 1.5 |
| 磷酸氢钙（无水） | 1.5 | 1.5 | 2.5 | 2.0 | 2.0 | 1.5 | 2.0 |
| 石粉 | 6.0 | 7.2 | 3.0 | | | | |
| 贝壳粉 | | | 3.5 | 6.0 | 6.5 | 6.5 | 5.5 |
| 食盐 | 0.30 | 0.30 | 0.37 | 0.20 | 0.20 | 0.20 | 0.20 |
| 蛋氨酸 | 0.08 | 0.10 | 0.12 | | 0.08 | | |
| 多维素 | 0.020 | 0.020 | 0.025 | 0.020 | 0.020 | 0.020 | 0.020 |
| 微量元素预混料 | 0.1 | 0.1 | 0.1 | 0.2 | 0.2 | 0.2 | 0.2 |
| 维生素 AD$_3$ 粉 | 0.1 | 0.1 | 0.1 | | | | |
| 合计 | 100 | 100 | 100 | 100 | 100 | 100 | 100 |

表 3-65　通用蛋鸡饲料配方　　（质量分数,%）

| 原料 | 0~6 周龄 | 7~18 周龄 | | 19 周龄~ 5%产蛋率 | | 产蛋前期 | | 产蛋后期 | | 蛋用 种鸡 |
|---|---|---|---|---|---|---|---|---|---|---|
| | | 配方 1 | 配方 2 | 配方 1 | 配方 2 | 配方 1 | 配方 2 | 配方 1 | 配方 2 | |
| 玉米 | 63. 10 | 62. 83 | 61. 22 | 59. 30 | 59. 29 | 60. 00 | 59. 82 | 61. 12 | 65. 64 | 61. 10 |
| 小麦麸 | 2.6 | 13. 0 | 13. 0 | 10. 0 | 10. 0 | | | | | 3. 0 |
| 大豆粕 | 30. 2 | 11. 4 | 11. 0 | 16. 0 | 15. 0 | 19. 0 | 18. 4 | 17. 8 | 13. 2 | 25. 2 |
| 棉籽粕 | | 9 | 8 | 8 | 7 | 7 | 6 | 7 | 6 | |
| 菜籽粕 | | | 3. 00 | | 2. 00 | 3. 05 | 5. 00 | 3. 00 | 4. 00 | |
| 石粉 | 1. 33 | 1. 80 | 1. 80 | 4. 60 | 4. 60 | 8. 70 | 8. 50 | 9. 00 | 9. 00 | 8. 70 |
| 磷酸 氢钙 （无水） | 2. 00 | 1. 20 | 1. 20 | 1. 30 | 1. 30 | 1. 50 | 1. 50 | 1. 40 | 1. 45 | 1. 30 |
| 食盐 | 0. 40 | 0. 36 | 0. 36 | 0. 36 | 0. 36 | 0. 36 | 0. 36 | 0. 36 | 0. 36 | 0. 36 |
| 胆碱 | 0. 13 | 0. 10 | 0. 10 | 0. 10 | 0. 10 | 0. 10 | 0. 10 | 0. 10 | 0. 10 | 0. 10 |
| 微量 元素 | 0. 1 | 0. 1 | 0. 1 | 0. 1 | 0. 1 | 0. 1 | 0. 1 | 0. 1 | 0. 1 | 0. 1 |
| 蛋氨酸 | 0. 100 | 0. 076 | 0. 080 | 0. 100 | 0. 110 | 0. 100 | 0. 100 | 0. 080 | 0. 090 | 0. 110 |
| 赖氨酸 | 0. 020 | 0. 114 | 0. 120 | 0. 120 | 0. 120 | 0. 070 | 0. 100 | 0. 020 | 0. 040 | 0. 010 |
| 维生素 | 0. 02 | 0. 02 | 0. 02 | 0. 02 | 0. 02 | 0. 02 | 0. 02 | 0. 02 | 0. 02 | 0. 02 |
| 合计 | 100 | 100 | 100 | 100 | 100 | 100 | 100 | 100 | 100 | 100 |

表 3-66　白壳蛋鸡饲料配方　　（质量分数,%）

| 原料 | 0~8 周龄 | 9~20 周龄 | 产蛋率小于 80% | 产蛋率为 80%~90% | 产蛋率大于 90% |
|---|---|---|---|---|---|
| 黄玉米 | 65. 0 | 62. 5 | 62. 9 | 62. 5 | 60. 0 |
| 小麦麸 | | 8. 5 | | | |
| 大豆粕 | 25. 0 | 20. 5 | 26. 0 | 23. 0 | 21. 0 |
| 棉籽粕 | | 3. 4 | | | |

（续）

| 原料 | 0~8周龄 | 9~20周龄 | 产蛋率小于80% | 产蛋率为80%~90% | 产蛋率大于90% |
|---|---|---|---|---|---|
| 鱼粉 | 3.0 | 2.0 | | 2.0 | 3.0 |
| 肉骨粉 | | | | 2.0 | 2.0 |
| 花生仁饼 | | | | | 3.0 |
| 酵母 | 3.50 | | 1.19 | | |
| 骨粉 | 2.40 | 2.00 | 1.80 | 2.02 | 2.07 |
| 石粉 | | | 4.7 | 4.0 | 4.0 |
| 贝壳粉 | 0.75 | 0.80 | 3.00 | 4.00 | 4.50 |
| 食盐 | 0.30 | 0.30 | 0.35 | 0.30 | 0.30 |
| 蛋氨酸 | 0.05 | | 0.06 | 0.13 | 0.08 |
| 赖氨酸 | | | | 0.05 | 0.05 |
| 合计 | 100 | 100 | 100 | 100 | 100 |

注：维生素和微量元素按使用说明添加。

### 表3-67　褐壳蛋鸡饲料配方　（质量分数,%）

| 原料 | 0~8周龄 | 9~20周龄 | 产蛋前期（19~36周龄） | 产蛋后期（37~75周龄） |
|---|---|---|---|---|
| 黄玉米 | 52.30 | 43.30 | 64.00 | 60.32 |
| 小（大）麦 | | 2.0 | 2.0 | 5.0 |
| 次粉 | 13.13 | 24.20 | 2.15 | 2.50 |
| 小麦麸 | | 10.32 | | |
| 大豆粕 | 25.0 | 12.2 | 17.4 | 19.0 |
| 菜籽粕 | 3.0 | 2.0 | | |
| 鱼粉 | 1.65 | 1.00 | 3.50 | 1.30 |
| 骨粉 | 2.4 | 2.0 | 1.2 | 1.6 |
| 贝壳粉 | 0.90 | 1.60 | 8.35 | 8.80 |
| 食盐 | 0.33 | 0.35 | 0.27 | 0.36 |

（续）

| 原料 | 0~8周龄 | 9~20周龄 | 产蛋前期（19~36周龄） | 产蛋后期（37~75周龄） |
|---|---|---|---|---|
| 蛋氨酸 | 0.18 | 0.03 | 0.13 | 0.12 |
| 赖氨酸 | 0.11 | | | |
| 预混料 | 1.0 | 1.0 | 1.0 | 1.0 |
| 合计 | 100 | 100 | 100 | 100 |

### 表3-68　种用或蛋用土鸡饲料配方及营养水平

| | 项目 | 0~6周龄 | | | 7~14周龄 | | | 15~20周龄 | | | 土鸡产蛋期 | | |
|---|---|---|---|---|---|---|---|---|---|---|---|---|---|
| | | 配方1 | 配方2 | 配方3 | 配方1 | 配方2 | 配方3 | 配方1 | 配方2 | 配方3 | 配方1 | 配方2 | 配方3 |
| 原料 | 玉米（%） | 65.0 | 63.0 | 63.0 | 65.0 | 65.0 | 65.0 | 71.4 | 68.0 | 66.5 | 65.6 | 65.0 | 63.0 |
| | 小麦麸（%） | 0 | 2.0 | 1.9 | 8.0 | 9.3 | 8.0 | 14.0 | 14.4 | 14.0 | 1.0 | 1.6 | 1.0 |
| | 米糠（%） | | | | 1 | 1 | 1 | 2 | 5 | 8 | | | |
| | 大豆粕（%） | 22.0 | 21.9 | 23.0 | 16.3 | 14.0 | 13.0 | 6.0 | | | 15.0 | 15.0 | 14.0 |
| | 菜籽粕（%） | 2 | | 2 | 4 | 4 | | 2 | 6 | 5 | | 2 | |
| | 棉籽粕（%） | 2 | 2 | 2 | 3 | | 2 | 2 | 2 | 2 | | | |
| | 花生仁粕（%） | 2.0 | 6.0 | 2.6 | | 3.0 | 6.0 | | | | 4.0 | 4.0 | 8.0 |
| | 芝麻粕（%） | 2.0 | | | | | | 2.0 | 2.0 | | 2.0 | 1.0 | 2.7 |
| | 鱼粉（%） | 2.0 | 2.0 | 2.0 | 1.0 | | | | | | 3.1 | 2.0 | 2.0 |
| | 石粉（%） | 1.22 | 1.20 | 1.20 | 1.20 | 1.20 | 1.20 | 1.10 | 1.10 | 1.10 | 8.00 | 8.00 | 8.00 |
| | 磷酸氢钙（无水）（%） | 1.3 | 1.4 | 1.8 | 1.2 | 1.2 | 1.5 | 1.2 | 1.2 | 1.1 | 1.0 | 1.1 | 1.0 |
| | 微量元素添加剂（%） | 0.1 | 0.1 | 0.1 | | | | | | | | | |

（续）

| 项目 | | 0~6周龄 | | | 7~14周龄 | | | 15~20周龄 | | | 土鸡产蛋期 | | |
|---|---|---|---|---|---|---|---|---|---|---|---|---|---|
| | | 配方1 | 配方2 | 配方3 | 配方1 | 配方2 | 配方3 | 配方1 | 配方2 | 配方3 | 配方1 | 配方2 | 配方3 |
| 原料 | 复合多维（%） | 0.04 | 0.04 | 0.04 | | | | | | | | | |
| | 食盐（%） | 0.26 | 0.30 | 0.30 | 0.30 | 0.30 | 0.30 | 0.30 | 0.30 | 0.30 | 0.30 | 0.30 | 0.30 |
| | 杆菌肽锌（%） | 0.02 | 0.02 | 0.02 | | | | | | | | | |
| | 氯化胆碱（%） | 0.06 | 0.04 | 0.04 | | | | | | | | | |
| | 合计（%） | 100 | 100 | 100 | 100 | 100 | 100 | 100 | 100 | 100 | 100 | 100 | 100 |
| 营养水平 | 代谢能（兆焦/千克） | 12.1 | 11.9 | 11.8 | 11.7 | 11.7 | 11.7 | 11.5 | 11.7 | 11.4 | 11.3 | 11.3 | 11.3 |
| | 粗蛋白质（%） | 19.40 | 19.50 | 18.30 | 16.40 | 16.35 | 16.50 | 12.50 | 16.35 | 12.30 | 16.50 | 16.00 | 17.10 |
| | 钙（%） | 1.10 | 1.00 | 1.00 | 0.92 | 0.90 | 0.92 | 0.78 | 0.90 | 0.79 | 3.50 | 3.40 | 3.50 |
| | 有效磷（%） | 0.45 | 0.04 | 0.41 | 0.36 | 0.35 | 0.36 | 0.31 | 0.35 | 0.32 | 0.38 | 0.36 | 0.38 |

# 参 考 文 献

［1］李春丽．饲料与饲料添加剂 ［M］．北京：中国轻工业出版社，2006.

［2］王继华，傅庆民．鸡饲料配方设计技术 ［M］．北京：中国农业大学出版社，2005.

［3］刘月琴，张英杰．新编蛋鸡饲料配方 600 例 ［M］．北京：化学工业出版社，2009.

［4］康树恒．怎样配鸡饲料 ［M］．北京：金盾出版社，2000.

［5］魏刚才，韩芬霞．蛋鸡安全生产技术 ［M］．北京：化学工业出版社，2012.

［6］李森，萨莫斯．实用家禽营养 ［M］．沈慧乐，周鼎年，译．3 版．北京：中国农业出版社，2010.

［7］佟建明．饲料配方手册 ［M］．2 版．北京：中国农业大学出版社，2007.

［8］魏刚才，董永军．蛋鸡饲料配方手册 ［M］．北京：化学工业出版社，2015.

［9］林东康．常用饲料配方与设计技巧 ［M］．郑州：河南科学技术出版社，1995.